兵器と防衛技術シリーズⅢ　②

電子装備技術の最先端

防衛技術ジャーナル編集部　編

はじめに

当協会では、平成17年（2005年）10月に「兵器と防衛技術シリーズ・全６巻（および別巻１）」を発刊したのに続き、平成28年（2016年）には「新・兵器と防衛技術シリーズ・全４巻」を刊行しました。そして令和５年１月からは新たに「兵器と防衛技術シリーズⅢ」（第１巻「航空装備技術の最先端」）をスタートしております。

本シリーズは、月刊『防衛技術ジャーナル』誌に連載した防衛技術基礎講座を各分野ごとに分類・整理して単行本化したものです。シリーズⅠは防衛技術全般にわたって体系的・網羅的に解説したものでしたが、シリーズⅡではトピック的な技術情報なども取り入れました。そして今回のシリーズⅢでは、さらにアップグレードした最先端情報も取り入れています。

今回の「電子装備技術の最先端」に収録したのは、令和４年１月号～令和５年２月号で掲載された記事です。今後も、「陸上装備技術の最先端」「艦艇装備技術の最先端」の順で逐次刊行していく予定です。

なお、本書の発刊に当たって掲載を快くご同意くださいました下記の執筆者の皆様に厚く御礼申し上げます。

亀田健一、工藤順一、小林啓二、塩田　慶、清水貴之、田中健巧、中川修司、二宮　勉、沼　直輝、芳賀将洋、濱野健二、平野　誠、山崎弘祥。

（以上50音順、敬称略）

令和５年８月

「防衛技術ジャーナル」編集部

— 電子装備技術の最先端 —

目　次

第1章

情報通信関連の先進技術

1. サイバーセキュリティ技術

1.1　サイバー攻撃への対処とは

情報通信ネットワークは、さまざまな領域における自衛隊の活動の基盤であり、これに対するサイバー攻撃[i]は、自衛隊の組織的な活動に重大な障害を生じさせる。

防衛省･自衛隊では、①情報システムの安全性確保②専門部隊によるサイバー攻撃対処③サイバー攻撃対処態勢の確保・整備④最新技術の研究⑤人材育成⑥他機関などとの連携といった、総合的な施策を行っている[1-1]。

しかしながら、防衛省・自衛隊の保有するシステムおよびネットワークに対して効果的なサイバー攻撃を受けた場合、防衛上の重要な情報が窃取される危険や指揮統制および情報共有が妨げられる危険がある。自衛隊が任務遂行中、指揮システムにサイバー攻撃を受けた場合、サイバー攻撃の被害の拡大を防ぐための対処を行う必要があるが、その一方で、任務遂行のために必須な機能については運用を継続しなければならない。すなわち被害拡大防止と部隊運用継続を両立させることが必須となっている。

現在、サイバー攻撃の高度化・複雑化が進み、日々新たな攻撃手法が生み出されている状況であり、防衛省・自衛隊では、経験したことのない未知の攻撃への対処が最重要な課題となる。マルウェア対策ソフト等の未然防止対策を行ったとしても未知の攻撃を止めることはできないため、内部ネットワークに侵入されたことにいち早く気付き、迅速な対処を行うことが運用継続に不可欠である。そのためにはAI技術等の活用による未知の攻撃の検知技術や各種シ

---

i)　情報通信ネットワークや情報システムなどの悪用により、サイバー空間を経由して行われる不正侵入、情報の窃取、改ざんや破壊、情報システムの作動停止や誤作動、不正プログラムの実行やDDoS攻撃（分散サービス不能攻撃）など

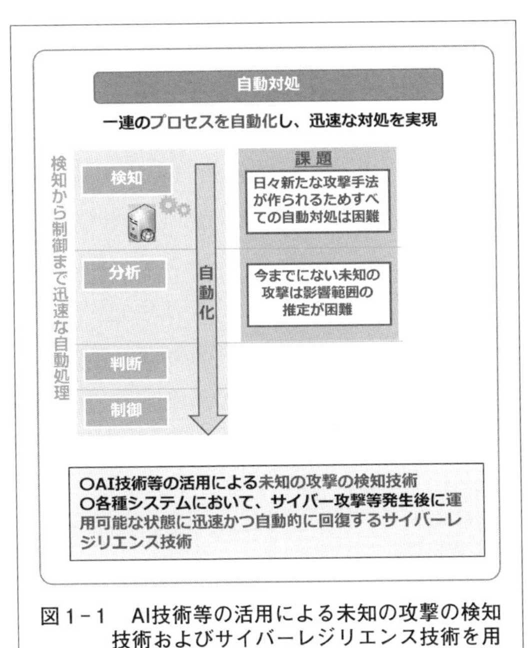

図1－1　AI技術等の活用による未知の攻撃の検知技術およびサイバーレジリエンス技術を用いた自動対処の考え方

ステムにおいて、サイバー攻撃等発生後に運用可能な状態に迅速かつ自動的に回復するサイバーレジリエンス技術[ii]が必要である（図1－1）。

またサイバー空間にはコンピュータ等の情報通信機器だけではなく、IoT[iii]化により通信機能をもったさまざまなモノが存在しており、近年、自動車等の制御システムに対するサイバー攻撃の事例[1-2]や、工場の制御システムのようなインターネットに接続されていないシステムを狙ったサイバー攻撃の事例[1-3]が報告されている。防衛省・自衛隊の車両、艦艇および航空機等の装備システム[iv]に対しても同様なことが考えられる。装備システムを利用した任務の継続を確保するためにはCOTS[v]化やネットワーク化によって生じる新たな脅威や内在するリスクに対応するための装備システムに対するサイバーセキュリティ対策を確保することが重要となり、特に装備品は迅速な対応が求められることから装備システムを対象としたレジリエンス技術が必要となる。

サイバー攻撃対処の全プロセスを自動化した自動対処（サイバーレジリエンス）が理想の対策であるが、すべてを自動化できるわけではないため、人的対

ii)　サイバー攻撃等によって、指揮統制システムや情報通信ネットワークの一部が損なわれた場合においても、柔軟に対応して運用可能な状態に回復する能力
iii)　Internet of Things
iv)　防衛省・自衛隊の車両、艦艇および航空機等の装備品に組み込まれた情報システム
v)　Commercial Off-The-Shelf

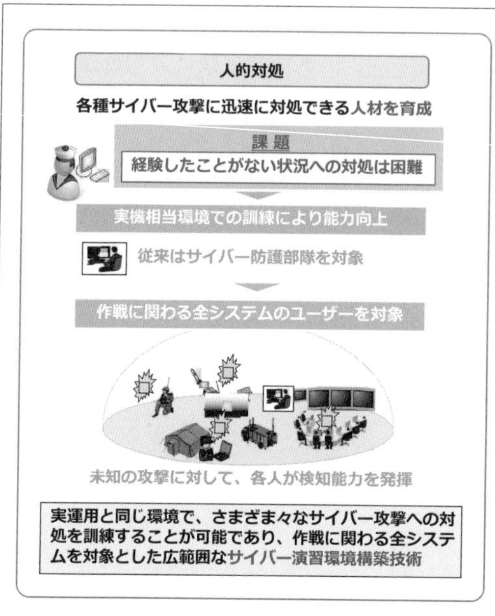

図1-2　サイバーレンジ技術を用いた人的対処の考え方

処との連携が不可欠である。また人は経験したことがない状況への対処は困難であるため、実機相当環境でのサイバー攻撃発生時の訓練が行えるサイバーレンジ[vi]が必要であり、そこではサイバー攻撃対処の専門部隊だけでなく、作戦に関わる全システムの隊員が対象と考えている（**図1-2**）。

以下では「未知のサイバー攻撃の検知」「任務遂行能力の確保」「装備システムを標的としたサイバー攻撃への適切な対応」および「隊員の練度向上」を実現するための研究である「未知のサイバー攻撃の検知用学習データ生成技術」「サイバーレジリエンス技術」「装備システムサイバーレジリエンス技術」および「サイバーレンジ技術」の概要および課題について紹介する。

1.2　未知のサイバー攻撃の検知用学習データ生成技術

(1)　概要

本技術は「防衛省・自衛隊のシステム・ネットワーク等の構成が作戦時等に動的に変化した際にも、未知なるサイバー攻撃を検知できるように、少量の

vi)　サイバー攻撃に対応できる専門的知見を備えた人材の育成および隊員の対処能力を向上させるための実戦的な演習環境

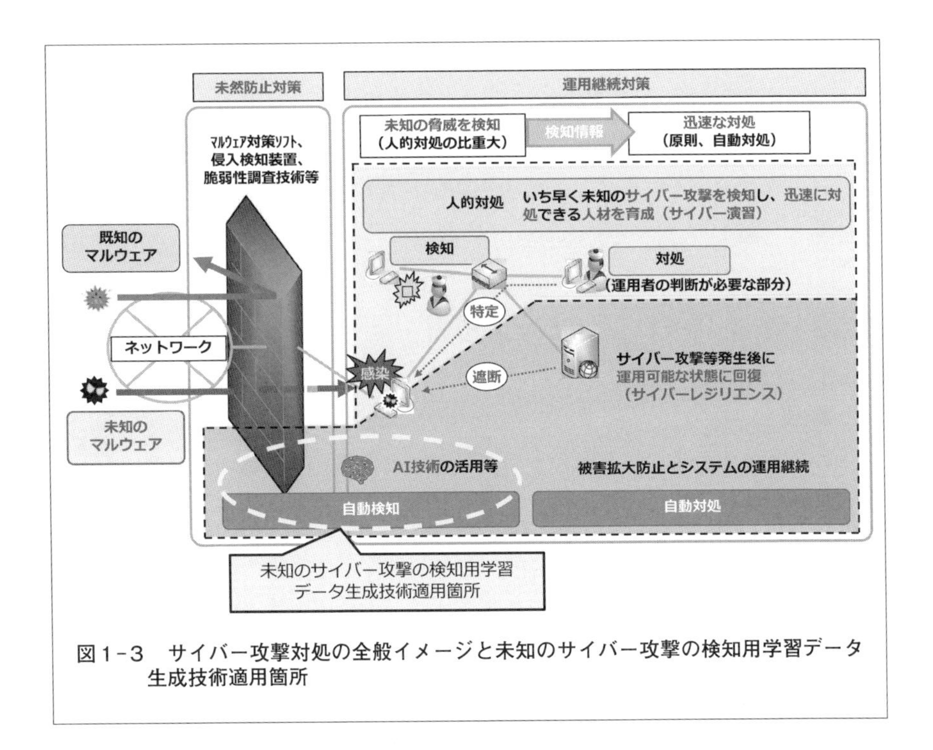

図１－３　サイバー攻撃対処の全般イメージと未知のサイバー攻撃の検知用学習データ生成技術適用箇所

データまたは短期間でAIが必要とする学習データを生成する技術である。未知のサイバー攻撃とは、従来のマルウェア対策ソフトやファイアウォール等の未然防止対策では防ぎきれないゼロデイ攻撃等を指す。内部のシステム・ネットワークに侵入を許した場合、隊員がいち早く気付くことができれば被害拡大防止の措置が可能だが、各隊員の練度にも依存するため、完全に防ぐことは困難である。

未知のサイバー攻撃の自動検知技術については、近年、研究が進展しており、AI技術を用いて通常状態を一定期間学習することにより、未知のサイバー攻撃を含む通常とは異なる状態を検知可能な方法が存在する。しかし、通常状態を学習するためには、まとまった期間の学習用データを収集蓄積する必要があり、ネットワーク構成等が一部変化した場合は再学習が必要となる。防衛省・自衛隊の運用においては、状況に応じてシステムの優先度やネットワーク構成等が変化する可能性があるが、運用中に変化後の通常状態を再学習する時間は限られており、十分な量の学習用データを蓄積するのは困難である。そのため、さまざまな条件下において未知のサイバー攻撃を検知するには短期間で十分な量の学習データを生成する技術が必要であり、今後、研究を進めていく計画である（図１-３）。

１.３　サイバーレジリエンス技術

⑴　概要

この技術は防衛省・自衛隊のシステム・ネットワークにおいて、サイバー攻撃や物理的破壊が発生した際に、重要システムの運用継続と被害拡大防止により「任務遂行能力の確保」を図るための技術である。防衛省・自衛隊の運用においては、各種状況に応じて運用に必要なシステムが変化するため、優先度に応じた迅速なシステム、ネットワークの制御が求められる。このようなサイバー攻撃への対処やシステムの再構築等を人間が判断し手動で制御を行うと対処までに時間を要するため、サイバーレジリエンス実現のためには対処を自動化し、最大限人の判断を介さない自動制御のシステムを実現することが必要となる。

⑵　課題

これまで、サイバーレジリエンス実現のため「サイバー攻撃の被害拡大防止」「重要システムの運用継続」および「統制機能の抗たん性維持」の三つの課題を解決すべく、サイバーレジリエンス技術の研究を実施してきた。図１-４にサイバーレジリエンス技術の概要を示す。

㈠　サイバー攻撃の被害拡大防止

マルウェアによっては非常に高速な感染拡大を行うものもあり、被害拡大防止を実施するためのシステムおよびネットワークの統制は、できる限り迅速に行わなければならない。そのためにはシステムおよびネットワーク統制に必要な情報を用い、自動的に最適設定案を導出し、その設定案を速やかにシステム

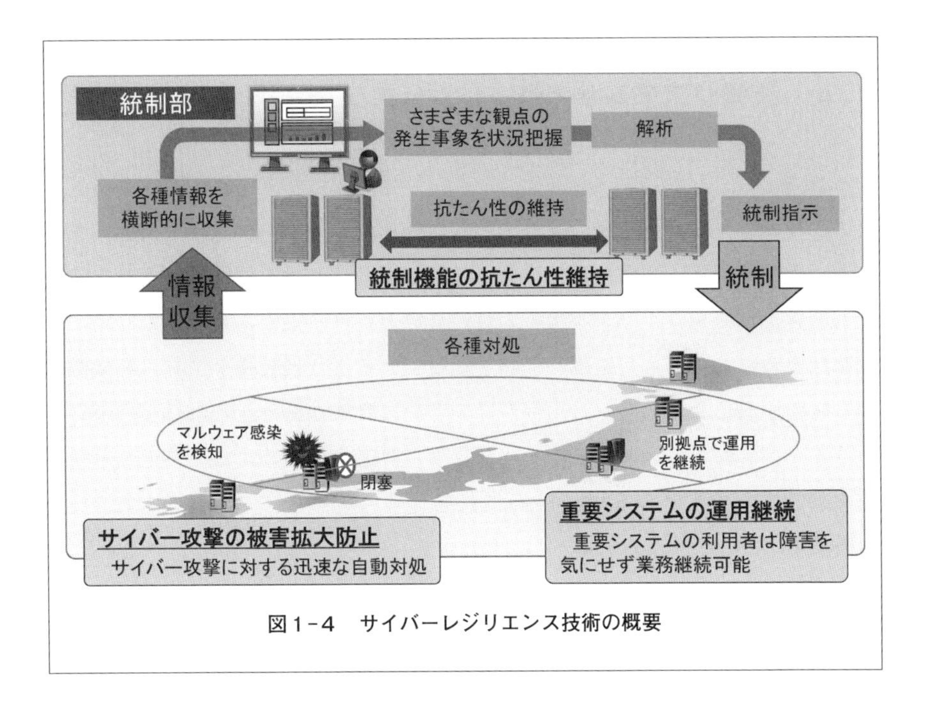

図1-4　サイバーレジリエンス技術の概要

基盤およびネットワーク基盤に適用する必要がある。

(イ)　重要システムの運用継続

その時々の状況において重要となるシステムの運用継続を担保するためには、各拠点のリソースの状況を把握し、優先度の高いシステムに動的にリソースを割り当てる基盤統制技術が必要になる。被害拡大防止のために拠点閉塞等の統制を行う場合、その拠点で重要システムが稼働している場合も考えられるが、動的に別拠点での重要システムの運用継続を担保することにより、迅速な被害拡大防止と重要システムの運用継続を両立させることが可能となる。

(ウ)　統制機能の抗たん性維持

サイバーレジリエンスには一元的な統制機能が不可欠であるが、逆にサイバー攻撃等により統制機能を喪失した場合の被害は甚大となる。そのためサイバーレジリエンス実現のためには統制機能の抗たん性維持が不可欠である。

1.4　装備システムサイバーレジリエンス技術

(1)　概要

この技術は「装備システムを標的としたサイバー攻撃への適切な対応」を行うための技術である。防衛省・自衛隊の装備システムは火器管制等を行うシステムも含まれており、リアルタイム性が高いという特徴がある。またサイバー攻撃発生時においても自衛隊の任務を遂行できるように装備システムを稼働させる必要があることから、可用性が高いという特徴がある。これら2点の特徴を踏まえ、装備システムへのサイバー攻撃に対応するためには、以下に示す課題を解決する必要がある。**図1-5**に装備システムサイバーレジリエンス技術の概要を示す。

(2)　課題

セキュアな装備システムの構築のため、次の三つの課題を解決する必要がある。

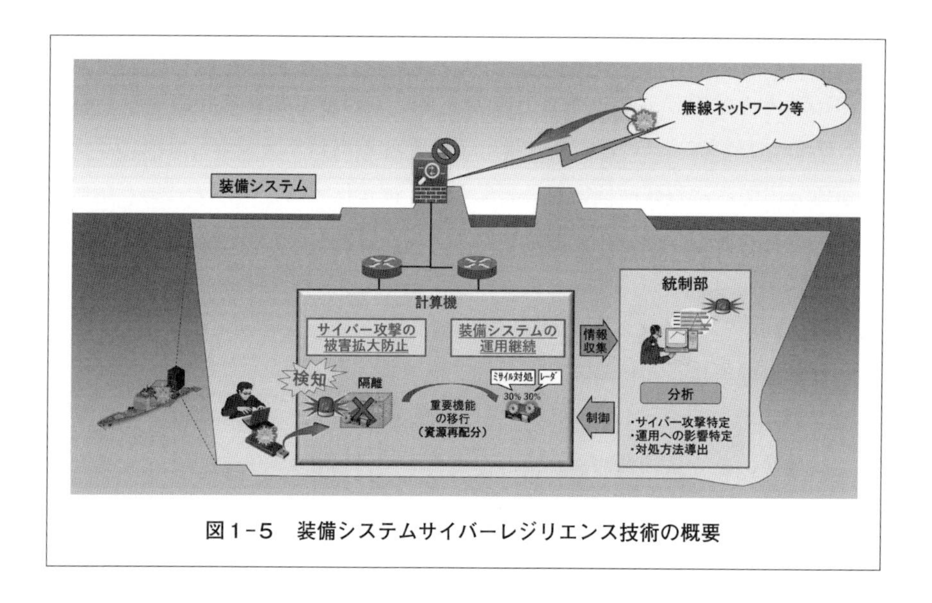

図1-5　装備システムサイバーレジリエンス技術の概要

㋐ 装備システムの対処の自動化

サイバー攻撃が装備システムにおいて発生した場合には、発生したサイバー攻撃による被害状況や対処方策の検討・実行を迅速に行う必要がある。この対応が遅れてしまうとサイバー攻撃が装備システム内で拡散し、被害が拡大する可能性がある。各種対応を迅速に行うためには対処の自動化を進める必要がある。

㋑ リアルタイム性の確保

装備システムはリアルタイム性が高いという特徴があり、装備システムのリアルタイム性を阻害するサイバー攻撃対処の仕組みを組み込むことができない。装備システムのリアルタイム性を確保しつつサイバー攻撃の検知、状況把握、対処方策の決定・実行を行うことができる仕組みを構築する必要がある。

㋒ 装備システムの運用継続確保

装備システムへのサイバー攻撃が発生した場合においても装備システムを稼働できるようにシステム・ネットワークの構成変更を行い、その時々の任務に応じて重要となるシステムを稼働し続けるための仕組みの構築が必要である。

1.5　サイバーレンジ技術

(1) 概要

この技術はサイバー攻撃対処に関する「隊員の練度向上」を実現するサイバーレンジ構築のための技術である。防衛省・自衛隊ではサイバー攻撃発生時においても、指揮システムおよび移動系システムのサービスを維持し、部隊運用を可能とするためにサイバー防護部隊・維持管理部隊等が技術的・人的な対処を効果的に実施し、被害拡大防止と部隊運用継続を両立させることが求められている。

そのためには指揮システムおよび移動系システムの実運用に影響を与えず、被害拡大防止および部隊運用継続の観点からサイバー攻撃対処効果について事前に検証する環境を整備し、指揮システムおよび移動系システムを模擬した環境上でサイバー戦を行い、サイバー攻撃対処の最適化を図るためのサイバーレンジに関する研究を行うことが必要不可欠である。

この研究は、指揮システムおよび移動系システムを模擬した実戦的な環境でサイバー攻撃対処演習を行い、サイバー攻撃対処による被害拡大防止と部隊運用継続を達成するための対処効果等について評価を行い、サイバー攻撃対処の最適化と隊員の練度向上を図ることが可能なサイバーレンジの構築に必要な技術を取得し、将来の指揮システムおよび移動系システムのサイバーレンジの構築に反映することを目的としている。

(2) 課題

現在、移動系システムのサイバーレンジ構築のため、移動系システムの低速な無線ネットワークで「サイバー攻撃模擬を再現・制御」「サイバー演習統制に必要な情報の収集」および「サイバー演習を行った後の環境の回復」の三つの課題を解決すべく、移動系システムのサイバーレンジ技術の研究を実施している。**図1-6**に移動系システムサイバーレンジ技術の概要を示す。

(ア) サイバー攻撃模擬を再現・制御

無線ネットワークは接続・切断を繰り返すため、演習統制者が操作する装置

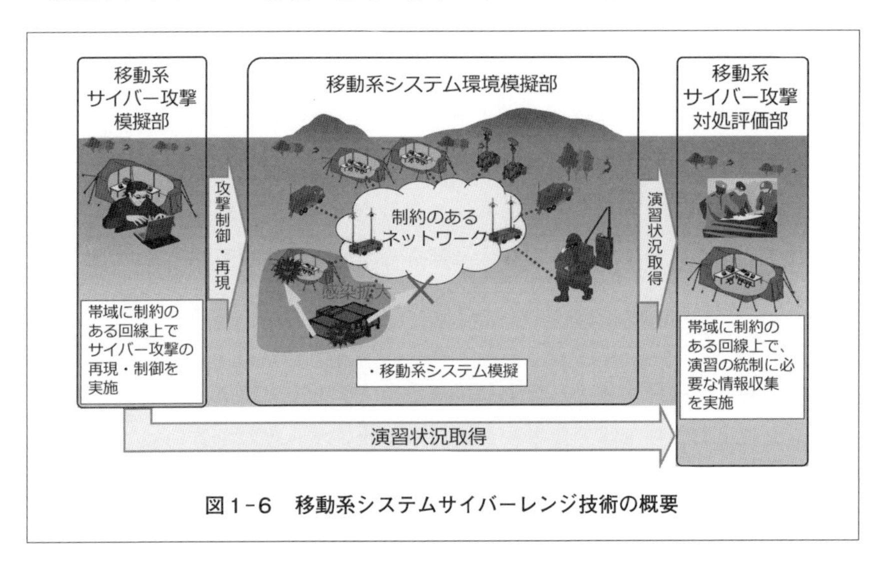

図1-6　移動系システムサイバーレンジ技術の概要

などを遠隔から制御することが必須な仕組みだとサイバー攻撃を再現・制御が行えない恐れがある。そのため遠隔側からの操作をせずとも演習参加者が使用する装置側で条件に応じてサイバー攻撃を再現・制御等の工夫が必要である。

(イ) サイバー演習統制に必要な情報の収集

無線ネットワークは通信帯域に制約があり大量のデータを同時に送信できないため、サイバー演習で必要となる統制情報のデータ量の削減や収集方式を組み合わせて統制情報のデータを補完するなどの工夫が必要である。

(ウ) サイバー演習を行った後の環境の回復

サイバー演習終了後に通常任務またはサイバー演習の途中で非常時優先業務に対応するには、システムの環境をすみやかに回復する必要がある。装置や構成により異なるが、すべての環境をフルリストアすると非常時優先業務に対応するための時間内に収まらない恐れがあるため、回復する領域などを工夫して回復時間を短くする必要がある。

防衛省では令和元年８月に「研究開発ビジョン」を作成[1-4]している。その中にはサイバーセキュリティに関することも多数記述されているので、それらについて積極的に取り組んでいきたいと考えている。その際、サイバー攻撃対処に知見のある関係機関および実際に使うと予定されている運用者等と連携しながら研究を実施していきたいと考えている。

サイバーセキュリティに関する研究は民間でも盛んに実施されているため、サイバーセキュリティ技術に知見のある関係機関等と連携し、進展が著しいサイバー分野において最新の技術を適時適切に取り入れながら、また運用者に使いやすい形で迅速に整備できるよう運用者と連携し、実際に使用するという視点からの意見を取り入れながら、研究を実施していきたいと考えている。防衛省・自衛隊のサイバー攻撃対処能力向上のため、関係機関および運用者等と連携しながら、「任務遂行能力の確保」「装備システムを標的としたサイバー攻撃への適切な対応」および「隊員の練度向上」等を実現できるよう研究を進めていきたい。

2. ミリ波通信ネットワーク技術

2.1 新たな周波数へ

近年の通信ネットワーク技術分野の急速な進展は目覚ましく、民生分野の世界では、スマートフォンによる音楽・映像といった、大容量のコンテンツの送受信が一般化されてきている。防衛分野においても、NCW（Network Centric Warfare：ネットワーク中心の戦闘）を背景とした、装備品・システム間の情報通信能力強化の方向にあり、各種装備品システム、艦船、航空機等の通信は、従来の音声・文字データ中心から、急速に技術進展している各種センサから得られる映像等の大容量データ伝送にシフトしつつあり、将来の指揮システムでは高速・大容量データ伝送が求められるものと予想される。また急速な防

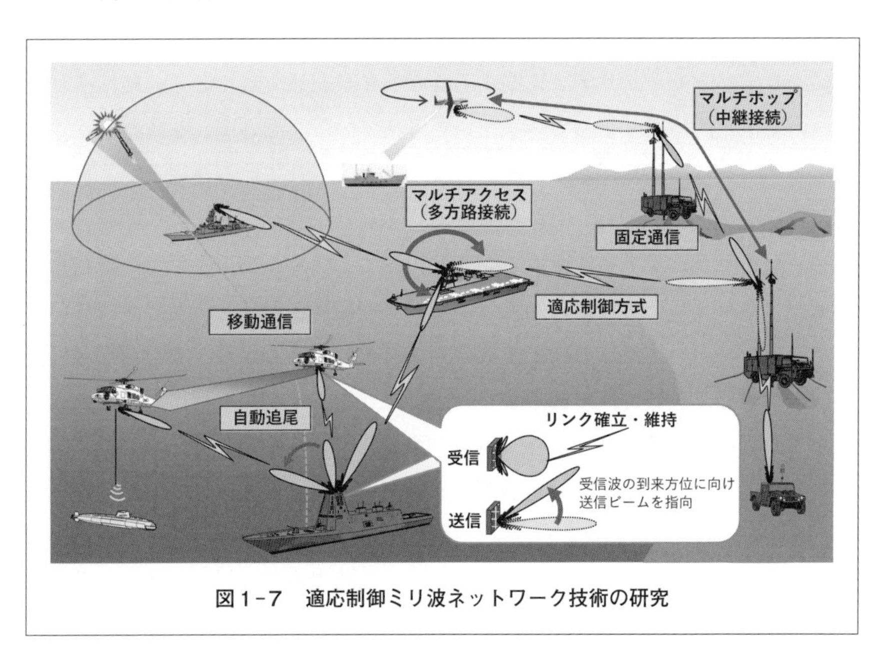

図1-7　適応制御ミリ波ネットワーク技術の研究

衛装備品の無線ネットワーク化により無線機能を有する端末数の増加が顕著であり、防衛装備品に割り当て可能な周波数資源の不足が予想される。

これらの問題を解決する方法として、既存の周波数資源の有効活用および新たな周波数資源の開拓の二つが考えられるが、以下では新規周波数の開拓の観点として**図1-7**に示すミリ波帯通信による高速大容量長距離ネットワークの実現を目指す適応制御ミリ波ネットワーク技術の研究[1-5]（以下「本研究」という）について技術の概要を紹介する。

2.2　ミリ波帯通信

ミリ波（millimeter wave）とは波長1mmから10mm、周波数30GHz帯から300GHz帯の電波のことを指す。現在、無線通信でよく使われている電波は、ラジオ放送や各種業務無線等で使用されているVHF（Very High Frequency：超短波）帯（波長：1mから10m、周波数：30MHz帯から300MHz帯）の電波や地上デジタル放送や携帯電話等で広く使用されているUHF（Ultra High Frequency：極超短波）帯（波長：10cmから1m、周波数：300MHz帯から3GHz帯）の電波であるが、それらに比べミリ波帯の電波は周波数が高く、情報を運ぶためのパイプに相当する周波数帯域幅を大きくとれることから大容量通信が可能であるという利点がある（**図1-8**）。しかし、その一方で、電波の波長が短くなるほど光の性質に似たものとなるため、ミリ波帯の電波は直進性が

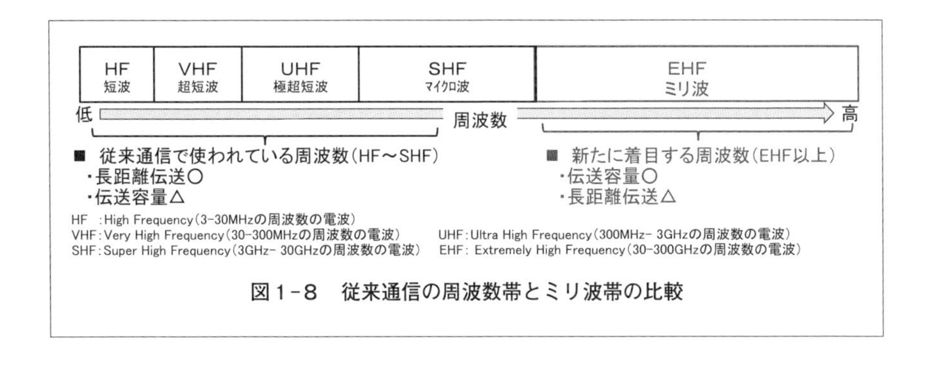

図1-8　従来通信の周波数帯とミリ波帯の比較

強く建物等の障害物の陰に到達できない、伝送距離による電波伝搬損失が大きいだけではなく水分による減衰が大きいため、大気中の水蒸気や降雨等により著しく通信性能が劣化するという欠点がある。このため、野外での移動体通信へのミリ波帯通信の適用は困難であり、民生分野においても主として近距離通信や固定通信といった用途にとどまっている。

2.3　空中線の小型・軽量化技術

減衰の大きいミリ波帯による長距離通信を実現するためには、所望の通達距離での減衰量を上回る出力で電波を送信する必要がある。このため空中線の高利得化、送信増幅器の高出力化および空中線内等の高周波回路の低損失化を実現する必要がある。また車両、船舶、航空機等さまざまなプラットフォームでミリ波帯長距離通信を使用するためには、送信電波の高出力化を実現した上で、空中線の小型・軽量化も両立する必要がある。

(1)　空中線の高利得化

空中線の高利得化については、パラボラ空中線を代表とする特定の一方向に強く信号を送受信する単一指向性空中線を用いる方式と、複数の空中線素子を直線状や平面上などに配列し各々の空中線素子で出力する信号の位相を制御し出力を合成することで強く信号を送受信する方向を制御できるフェーズドアレイ空中線を用いる方式が考えられる。

指向性を有する空中線を用いた無線局同士の移動無線通信ネットワークの確立・維持のためには、各々の無線局が空中線ビームの方向を制御して通信相手局に対して指向性をもたせる必要がある。従来のパラボラ空中線を用いて移動する通信相手局に空中線ビームを指向するためには機械的に空中線を制御してビームを振る必要があるが、空中線を駆動するための機構や空中線を回転させる空間が必要となるため、装置規模が大きくなり、空中線の小型・軽量化は困難である。

一方、フェーズドアレイ空中線を用いて移動する通信相手局に空中線ビームを指向するためには、配列された複数の空中線素子各々の位相を制御することで電子的にビームの指向方向を制御すればよい。フェーズドアレイ空中線は、出力の小さい空中線素子を多数配列し、出力を合成することで高出力化を図ることができるため、高出力化と小型・軽量化を同時に達成することが期待できる。

(2) 空中線内等の高周波回路の低損失化

フェーズドアレイ空中線には、増幅器の出力を分配後、空中線素子ごとに移相器制御にて走査するパッシブフェーズドアレイ方式と空中線素子ごとに移相器と増幅器をもち移相器制御にて走査するアクティブフェーズドアレイ方式がある。パッシブフェーズドアレイ方式は増幅器出力後に分配器、位相器が入るため、損失が大きく、EIRP[vii]を大きくできない。一方、アクティブフェーズドアレイ方式は、増幅器出力と空中線入力が直結しているため損失を小さく抑えることができ、EIRPを大きくできるため高出力化が可能である。アクティブフェーズドアレイ空中線は、従来、フェーズドアレイ空中線のモジュール構造において空中線の放射軸方向に対して平行に（開口面に対して直角方向に）回路や増幅器が配置・構成されているブロックモジュールが主であったが、現在LTCC[viii]（低温焼成セラミックス）が出現し、多層型の構造の空中線を作ることができるようになってきたため、平面型の空中線素子を用い、空中線の放射方向に直角（アンテナ開口面に平行に）に回路や増幅器が配置・構成する積層型モジュール構造により、薄型・軽量化が可能となった。

(3) 送信増幅器の高出力化

送信増幅器の高出力化については、実現できる送信増幅器として、TWT[ix]（Traveling Wave Tube：進行波管）と固体化増幅器（半導体増幅素子）があ

vii） EIRP：Effective Isotropic Radiated Powerの略。実効等方輻射電力。
viii） LTCC：Low Temperature Co-fired Ceramics substratesの略。低温焼成セラミックスを使用したセラミック基材と配線導体を同時焼成した回路基板。
ix） TWT：Traveling Wave Tubeの略。進行波管。

表１－１　半導体増幅素子の特徴の比較

	Si		GaAs		GaN	
出力電力	△	GaAsより動作電圧が低いため同じチップサイズの場合GaAsより出力が低い。	△	GaNより動作電圧が低いため同じチップサイズの場合GaNより出力が低い。	○	動作電圧が高いため同じチップサイズの場合Si、GaAsに対して高出力化が可能。
効率	△	GaNと比較すると効率が低いため、発熱が大きく、高い冷却能力が必要。	△	GaNと比較して効率が低いため、発熱が大きく、高い冷却能力が必要。	○	Si、GaAsに対して効率が高く、電源、冷却器の小型化が望める。
チップサイズ	△	同じ出力の場合、GaNと比較すると、チップサイズが大きくなる。	△	同じ出力の場合、GaNと比較すると、チップサイズが大きくなる。	○	同じ出力の場合、Si、GaAsに対して出力レベルに対するチップサイズが小さいため、小型化が望める。
放熱特性	△	GaNと比較すると、熱伝導率が高いため、高い冷却能力が必要。	△	GaNと比較すると、熱伝導率が高いため、高い冷却能力が必要。	○	Si、GaAsに対して熱伝導率が低いため、冷却器の小型化が望める。
総合評価	△	効率が悪い。	△	効率がGaNに比べ悪い。	○	効率が高く、放熱性も高い。

げられる。

TWTは送信出力は高いが、サイズが大きいため、空中線素子ごとに増幅器を構成するアクティブフェーズドアレイ化が実現できない。一方、半導体増幅素子は、送信出力に比して、サイズが小さく、空中線素子ごとに増幅器を構成できる。アクティブフェーズドアレイ空中線として、総電力は各半導体増幅素子出力と素子数の掛け算で決まるため、高出力化が実現可能となり、アクティブフェーズドアレイ空中線の実現には半導体増幅素子が有効である。

一般的に送信増幅器として使用される半導体増幅素子としてSi[x)]、GaAs[xi)]、GaN[xii)]があり、それぞれの特徴を**表１－１**に示す。積層型アクティブフェーズドアレイ空中線を実現するには増幅器の小型化が求められるため、小型かつ高密度実装が可能な半導体素子のMMIC[xiii)]化が必要となるが、Si、GaAs、GaN

x)　Si：シリコン
xi)　GaAs：ヒ化ガリウム
xii)　GaN：窒化ガリウム
xiii)　MMIC：Mono-lithic Microwave Integrated Circuitの略。トランジスタ等を一枚の半導体基板に集積したモノリシックマイクロ波集積回路。

ともMMIC化が可能である。

半導体増幅素子を選定する際、出力レベル以外に、装置の小型・軽量化を実現するため、チップサイズおよびチップサイズあたりの出力、電力効率が重要なファクタとなる。チップサイズあたりの出力が大きくなれば、増幅器が小さくなり空中線の小型化に寄与し、電力効率が高いと電源回路、冷却装置の小型・軽量化に寄与する。Si、GaAs、GaNを比較すると、GaNがチップサイズも小さくでき、かつチップサイズあたりの出力・効率も高く、熱伝導率が高く冷却装置の小型化が望める。

本研究で試作した空中線を**図１-９**に示す。GaN増幅器を用いたアクティブフェーズドアレイ空中線を採用している。上図の空中線内部構造で示しているとおり、増幅器出力と空中線入力が直結しているため損失を小さく抑えることができ、EIRPを大きくできるため高出力化を実現した。

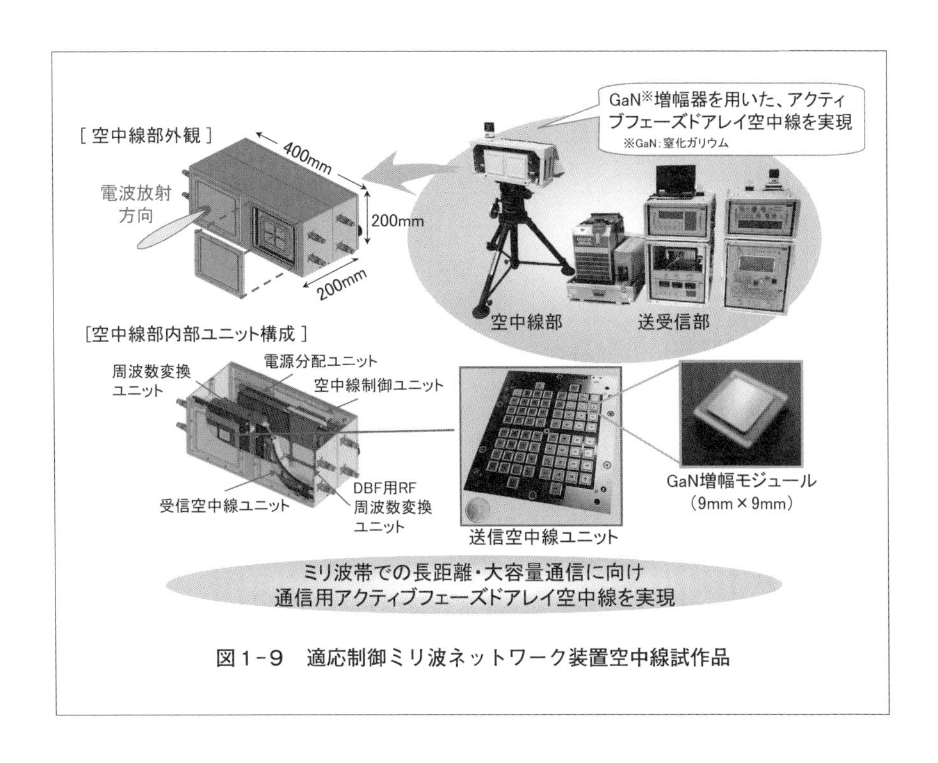

図１-９　適応制御ミリ波ネットワーク装置空中線試作品

2.4　適応制御技術

ミリ波帯における無線通信では、伝送距離による電波伝搬損失が大きいだけでなく、大気中の水蒸気量や降雨等による環境条件に大きく影響を受けやすい。このため、無線局間の通信状況に応じて長距離通信を維持する仕組みを入れることで無線ネットワークを安定して運用することができるようになる。適応制御技術は、**図1-10**に示すとおり、通信状況に応じて送信出力や空中線利得を可変させる空中線制御技術と、通信方式を切り替えて通信品質を維持するための通信制御技術を組み合わせた制御技術であり、上記の環境条件によらず無線ネットワークを維持するための技術である。

(1)　空中線制御

空中線制御では、近距離通信時など受信レベルが高く、回線品質が十分に確保できているときに送信出力を下げるように空中線を制御し、降雨等の環境条

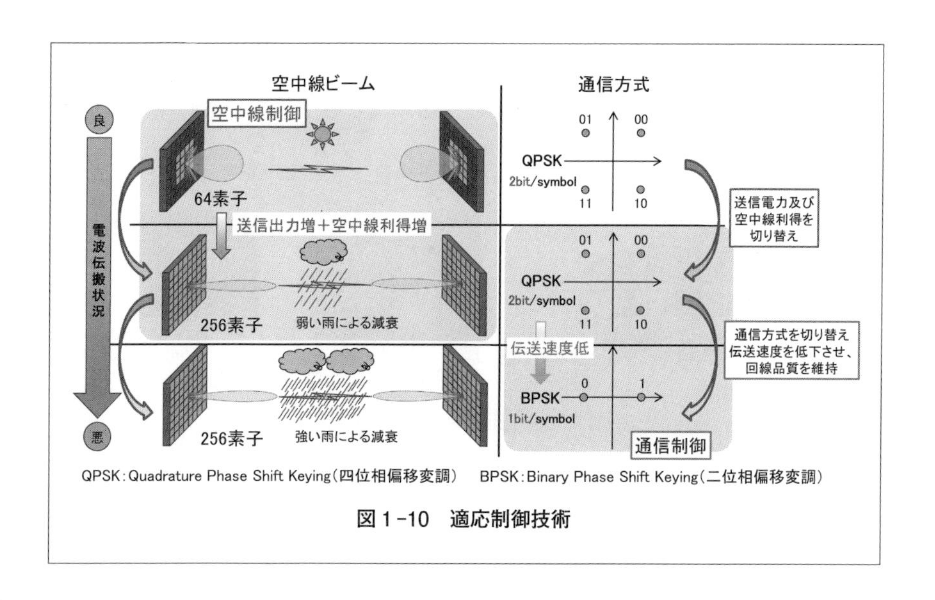

図1-10　適応制御技術

件の変化により一定の回線品質の維持が困難な通信状況になった場合には送信出力を上げるように空中線を制御する。空中線制御には、各空中線素子につながる増幅器への入力を制御する方式、各空中線素子の出力を固定し合成する素子数を可変させる方式がある。前者の方式は、増幅器と空中線素子を積層した構造とし、増幅器の入力レベルを可変することで実現可能であるが、増幅器の入力レベルが変化すると増幅器の特性により、ビームを形成する各空中線素子において位相ずれが起き、空中線利得およびビームパターンが安定しないという問題がある。後者の方式は、素子の電源をオンオフすることによる動作素子数の制御により送信出力を可変することで実現可能であり、実装が容易である。本研究では後者の方式を採用している。図１-10の左側に示すとおり、64個の空中線素子で通信を実施中に降雨等で受信レベルや回線品質が低下した場合、256個の空中線素子での通信に切り替えて送信出力および空中線利得を上げることで通信の維持を可能としている。

(2) 通信制御

通信制御は降雨等の電波伝搬状況の変化に応じて、一定の回線品質を維持するために通信方式を切り替える制御である。通信方式は変調方式、拡散率および符号化率をパラメータとし、これらのパラメータを組合せることで一定の回線品質を確保する。

本研究では図１-10の右側に示すとおり、通信中に降雨等で環境条件が変化して回線品質が悪化した場合、通信制御により通信方式を切り替えることにより、伝送速度は下がるが通信維持が可能としている。その後、回線品質が十分に確保できる通信状況になった場合、通信方式を元に戻すことで、元の伝送速度で通信することが可能となる。

2.5　高速リンク確立技術

ミリ波帯通信で高出力化するためにアクティブフェーズドアレイ空中線を用

いる場合、指向性を有する空中線であるため、通信時には迅速に通信相手局の方向を把握し、空中線ビームを指向することにより無線ネットワークを構築する高速リンク確立技術が必要である。ここで、「リンク確立」とは無線局同士が互いに無線通信可能な状況であることを指す。

指向性空中線を採用した無線局同士が高速に無線ネットワークを確立・維持するためには、無線局が移動した場合においても互いに空中線の指向ビームを通信相手局に向け続けて通信を維持するビーム追尾機能が必要である。また通信相手局の覆域から外れる前に迅速に覆域内の他の無線局と通信を確立することにより通信を維持するハンドオーバー機能を具備する必要がある。

(1) ビーム追尾機能

ビーム追尾機能とは**図 1 -11**に示すとおり、リンク確立が完了した無線局同士において、自局または相手局が移動した場合でも相手局へビームを向け続けることにより、相手局との通信の維持を行う機能である。

ビーム追尾は互いの位置情報を利用することで実現可能である。相手局位置は受信信号から抽出し、自局位置は固定局の場合GNSS[xiv] から、移動局の場合は位置・姿勢データ取得装置から得られる。自局から見た相手局の相対方位を相手局位置と自局位置から算出し、空中線の取付位置からビーム指向方向へ換

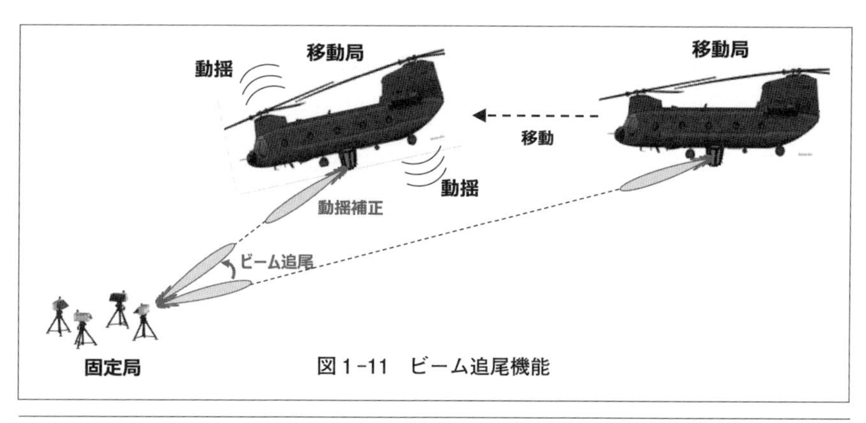

図 1 -11　ビーム追尾機能

xiv） GNSS：Global Navigation Satellite System の略。全球測位衛星システム

算する。ここで移動局の場合はさらに位置・姿勢データ取得装置から得た姿勢角により、ビーム指向方向の動揺補正を行うことで誤差を小さくできる。

受信信号から抽出する相手局位置は通信実施時に得られるが、相手局の移動速度によっては、相手局位置を基にしたビーム指向処理の間に相手局が大きく移動してしまい、ビーム追尾に失敗することが考えられる。

これに対し受信信号からの相手局位置に加え、相手局速度の抽出・位置予測を行い、無線通信実施の間に移動した先にビームを指向することで、途切れることなく通信を維持することが可能となる。

本研究ではGPSによる位置情報の利用を前提としているが、実際の運用では、妨害によりGPS信号が受信不能になることも想定される。これに対しGPSに加え慣性航法機能をもつ位置・姿勢データ取得装置を使用することにより、GPS信号が受信不能となった場合でも、位置・姿勢データ取得装置から位置情報を得てビーム追尾を継続することを可能としている。

(2) ハンドオーバー機能

ハンドオーバー機能とは、**図1-12**に示すとおり、車両・航空機等の移動局が通信相手局の覆域をまたがって移動した場合に通信を維持するための機能である。

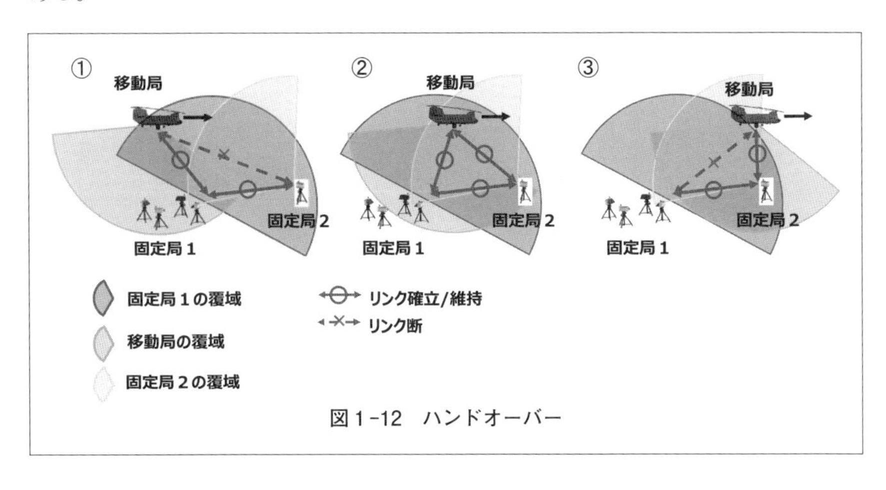

図1-12　ハンドオーバー

移動局が固定局１との通信を行っている際に、移動局とリンクを確立していない固定局２（ハンドオーバー先候補）の覆域内に入った場合、通信を維持するために一時的に両方の固定局とリンクを確立することにより、連続した通信維持が可能となる。

ミリ波帯通信による高速大容量ネットワークの構成技術について、現在、防衛装備庁次世代装備研究所で取り組んでいる適応制御ミリ波ネットワークの研究で検討した技術を中心に概説した。

なお適応制御ミリ波ネットワークの研究では、本節で紹介した空中線の小型･軽量化技術、適応制御技術、高速リンク確立技術について検証するために、GaN増幅器とアクティブフェーズドレイ空中線を用いたミリ波帯の通信装置を試作し、野外での実伝搬環境における通信試験を実施している。**図１-13**は試験実施の一例であり、近距離でのビーム追尾機能およびハンドオーバー機能の性能確認実施状況を示す。

本研究の実施により、指向性空中線を採用したミリ波帯での移動ネットワーク通信実現の見通しが得られる見込みであり、車両、艦船、航空機等のさまざまなプラットフォームで利用できるミリ波帯高速データ通信システムに関する技術を確立できるものと考える。

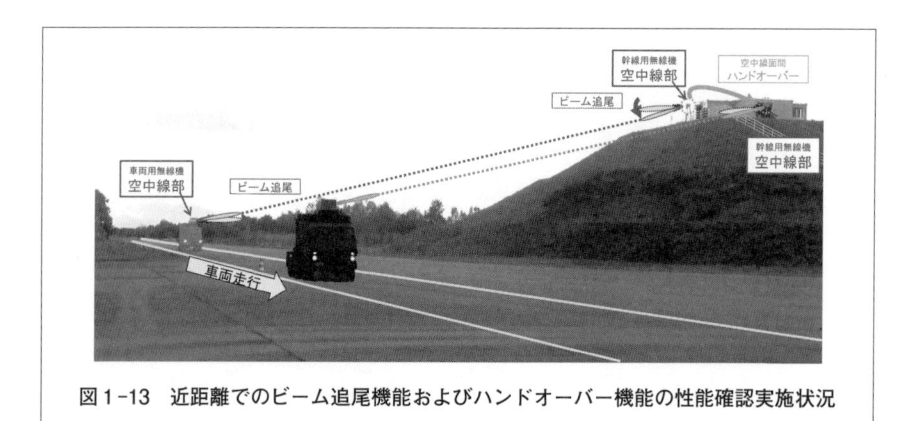

図１-13　近距離でのビーム追尾機能およびハンドオーバー機能の性能確認実施状況

3. 電磁波管理技術

3.1　陸海空から新領域へ

情報通信等の分野における急速な技術革新に伴う軍事技術の進展を背景に、現在の戦闘様相は陸・海・空のみならず、宇宙・サイバー・電磁波といった新たな領域を組み合わせたものとなっている。各国は軍事的優位の獲得のため、特に宇宙・サイバー・電磁波における能力の強化に資するゲーム・チェンジャーとなり得る最先端の技術開発に注力している。

一方、わが国では格段に変化の速度を増し、複雑化する安全保障環境に対応できるよう「平成31年度以降に係る防衛計画の大綱[1-6]」の中で、電磁波領域における電磁波管理について以下の認識を示している(以下は関連事項の要約)。

・宇宙・サイバー・電磁波の領域を含むすべての領域における能力を有機的に融合し、その相乗効果により全体としての機能を増幅させる領域横断作戦が重要

・領域横断作戦に必要な能力の強化における優先事項の一つとして、電磁波領域における各種活動を円滑に行うため、電磁波の利用を適切に管理・調整する機能の強化が必要

さらに、令和元年度に公開された「研究開発ビジョン　多次元統合防衛力の実現とその先へ[1-7]」では、電磁波領域における取組の中で電磁波管理に着目している。

本節では電磁波管理の概要、米軍の動向、電磁波管理技術の概要、次世代装備研究所における研究の実施状況について概説する。

3.2　電磁波管理の概要

電磁波とは電波[xv]、赤外線、可視光線、X線等の総称であり、防衛分野においては指揮通信、警戒監視、情報収集、ミサイルの精密誘導等に利用されている。**図1-14**に電磁波領域における能力を示す。

電磁波領域における能力は「電磁波情報の収集・分析を行う電子戦支援、彼側からの電磁波の影響を低減・無効化する電子防護、彼側の通信や索敵などの能力を低減・無効化する電子攻撃といった電子戦能力」に加え、「電磁波の利用を適切に管理・調整する電磁波管理」の二つに大別できる。

電磁波管理と電子戦能力は完全に切り離せるものではなく、両者を連携して機能させることが重要である。将来的には電磁波管理と電子戦能力を有機的に融合し、電子戦能力を効果的に発揮することが電磁波領域の優越の確保につながるものと考えている。

次に、電磁波管理は大きく三つの活動に分類することができる。**表1-2**に

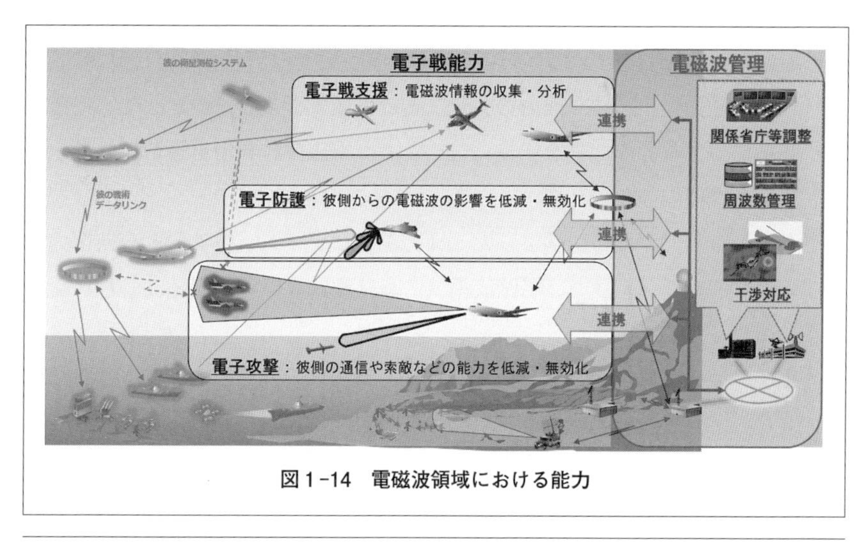

図1-14　電磁波領域における能力

xv)　電波法に規定される3百万 MHz（メガヘルツ）以下の周波数の電磁波のこと

表１－２　電磁波管理に係る活動の分類

活動の分類	概　　要
関係省庁等調整	関連法令等に従い実施される関係省庁等との間の周波数の指定承認に関する調整および電波の利用指針に係る調整
周波数管理	電磁波に依存する機能およびシステム・装備に対する周波数の使用、使用周波数の割当、割当に係る干渉検討、使用制限に係る調整および使用周波数の情報共有に係る活動
干渉対応	電磁波干渉が発生した際の状況把握、干渉源の特定・分析、報告・通報を行い、電磁波干渉を解消若しくは軽減するための処置および対策を講ずるとともに、その対応状況を関係部隊で情報共有する活動

電磁波管理に係る活動の分類を示す。

ここで示した三つの活動とは別に、電磁波領域における“管理”の概念として、電磁戦闘管理という活動も存在する。次項で紹介するが、米軍における概念を参考にするならば、電磁戦闘管理とは指揮官の目的を支援するための電磁波領域における作戦の動的な監視、評価、計画および指示に関する活動のことである。表１－２に示した三つの活動を“狭義の電磁波管理”とすると、四つ目として電磁戦闘管理を加えた場合には“広義の電磁波管理”と考えることができる。

３.３　米軍の動向

(1)　電磁スペクトラム優位性戦略[1-8)]

2020年10月、米国防総省は新たに電磁スペクトラム（EMS：Electromagnetic Spectrum）優位性戦略を発表した。電磁スペクトラム優位性戦略は、2013年のEMS戦略および2017年の電子戦戦略を統合したものであり、電磁スペクトラム作戦（EMSO：Electromagnetic Spectrum Operations）における課題に対処し、各軍が電磁スペクトラムにおける戦略的、戦術的、運用的、技術的な優位性を達成・維持できるよう準備するための戦略文書である。以下に電磁スペクトラム優位性戦略のビジョン、基盤となる原則および戦略的目標を示す。

ア　ビジョン

・EMSにおける行動の自由

イ　基盤となる原則

・近代的な電磁作戦環境

・電磁作戦環境の複雑性

・大国間競争の時代におけるEMSの優位性

・EMSの機動

・周波数共用

ウ　戦略的目標

・優位なEMS能力の発展

・強靭で完全統合化が実現したEMSインフラへの進化

・トータル・フォースEMS態勢の達成

・EMSで優位性を確保するための持続的パートナーシップの確保

・効果的なEMSガバナンスの構築

2021年７月、電磁スペクトラム優位性戦略に係る実施計画（Implementation Plan）が策定されたが、本実施計画そのものは一般に公開されていないようである[1-9]。

(2)　統合電磁スペクトラム作戦[1-10]

2020年５月、米軍の統合参謀本部は“Joint Publication（JP）3-85”として、初めて統合電磁スペクトラム作戦（JEMSO：Joint Electromagnetic Spectrum Operations）のドクトリンを発表した。統合電磁スペクトラム作戦は、EMSにおける優位性の確保を目的とし、電磁作戦環境（EMOE：Electromagnetic Operational Environment）を利用、攻撃、防護および管理するために、統合軍が実行する軍事行動で構成されている。言い換えれば、EMSにおける流動的な軍事行動（電子戦および電磁波管理）を統合し、混乱を解消し、動的に制御することで、EMSの優位性を実現すると考えることができる。

統合電磁スペクトラム作戦における“管理”の概念には、電磁戦闘管理

（EMBM：Electromagnetic Spectrum Battle Management）、周波数管理（FM：Frequency Management）、ホスト国調整（HNC：Host Nation Coordination）および統合スペクトラム干渉解析（JSIR：Joint Spectrum Interference Resolution）の四つが存在する。

なお統合電磁スペクトラム作戦に関する詳細は“JP3-85”または“The Development of JEMSO Doctrine[1-11)]”を参照されたい。

(3) 電磁戦闘管理

統合電磁スペクトラム作戦における“管理”の概念の一つである電磁戦闘管理には、指揮官の目的を支援するため、EMSにおける作戦の動的な監視、評価、計画および指示といった行動が含まれる。電磁戦闘管理は、指揮官がEMSにおける作戦を計画、指示および統制するために不可欠な設備、機器、ソフトウェア、通信、手順および人員で構成される電磁戦闘管理システムを介して実現される。また電磁戦闘管理は、統合電磁スペクトラム作戦における状況認識、意思決定支援および指揮統制を提供する。

電磁戦闘管理に関連し、米国国防情報システム局（DISA：Defense Information Systems Agency）の下部組織である国防スペクトラム局（DSO：Defense Spectrum Organization）は、統合電磁戦闘管理システム（以下「Joint EMBM」という）に係る検討を進めており、2020年までにJoint EMBMに関する情報提供依頼書（RFI：Request For Information）を発行した[1-12)]。RFIでは、現状の制約として電磁作戦環境をリアルタイムで視認し、理解する能力が非常に限定的であること、また友軍、民間および彼のシステムに係る基礎的な情報や処理された電磁波情報のニアリアルタイムでの統合・表示に関する運用ニーズについて言及がなされている。

さらにJoint EMBMにおける四つの優先的な能力として、電磁作戦環境の状況認識、意思決定支援、指揮統制およびトレーニングがあげられている。Joint EMBMにおける段階的な開発計画を以下に示す。

ア　短期的な目標

・電磁作戦環境の状況認識

・電磁作戦環境の解析等の自動化および作戦への影響予測

イ　中期的な目標

・行動方針（COA：Course Of Action）の分析および作戦シナリオの可視化

・指揮統制のための各電磁戦闘管理ツールの相互運用性の確保

・電磁戦闘管理に係るトレーニング能力の提供

ウ　長期的な目標

・既存の共通作戦状況図（COP：Common Operational Picture）等との互換性の確保

それぞれの目標の具体的な達成時期は不明であるが、Joint EMBMではアジャイル開発の手法を活用するようである。なお2021年８月には、国防スペクトラム局がJoint EMBMに係るホワイトペーパーの募集（RWP：Request for Whiter Papers）[1-13] を行っている。

3.4　電磁波管理技術の概要

本項では電磁波管理技術について概説する。“電磁波管理技術”の明確な定義は存在しない。一方、本項においては、“電磁波管理技術”を「電磁波管理を適切かつ効果的に実施するための技術の総称」と定義することにする。

ここでは多種多様かつ膨大な電磁波情報を処理する上で重要となる「情報統合・管理技術」および限られた周波数資源を効果的に利用するための「最適周波数割当技術」について説明する。

(1)　情報統合・管理技術

情報統合・管理技術とは、多種多様かつ膨大な情報を柔軟に統合し、管理する技術のことである。異なるシステムから得られるデータ形式の異なる情報を統合するためには、データ構造に依存しないデータベース管理手法を用いることが望ましい。また各種センサから得られる膨大な電磁波情報を統合・管理するには、ビッグデータ処理に適したデータベース管理手法も必要である。さらに戦域においても適切に電磁波管理を行うためには、分散化された複数のシステムを"一つの分散システム"として捉えることも重要だと考えられる。本項では、データ構造、データベース管理手法、分散システムにおいて考慮すべき事項について説明する。

ア　データ構造

一般的なデータ構造として、構造化データ、半構造化データおよび非構造化データに大別できる。**表1-3**にデータベースのデータ構造を示す。

イ　データベース管理手法

データベース管理手法は、RDB（Relational Data Base）とNoSQL（Not only SQL：Structured Query Language）の二つに大別できる。RDBは、データベースの主流であり、操作言語には標準化されたSQLを用いる。またRDBは表形式のデータに関係性（リレーション）を持たせて管理を行うが、複数のハードウェアでデータを分散して管理するのは不得意である。一方、NoSQL（RDB以外のデータベースの総称）は3V（Volume、Velocity、Variety）を特

表1-3　データベースのデータ構造

データ種別	概　　要	データ形式の例
構造化データ	二次元の表形式になっているか、データの一部を見ただけで二次元の表形式への変換可能性、変換方法が分かるデータ	CSV、固定長、Excel（リレーショナル型）
半構造化データ	データ内に規則性に関する区切りはあるものの、データの一部を見ただけでは二次元への表形式への変換可能性、変換方法が分からないデータ	XML、JSON
非構造化データ	データ内に規則性に関する区切りがなく、データ（の一部）を見ただけで、二次元の表形式に変換できないことが分かるデータ	規則性に関する区切りのないテキスト、PDF、音声、画像、動画

徴とするビッグデータへの対応を得意とする新技術である。例えば、サーバのデータ容量が一杯になってしまった場合でも、新たなサーバにデータを分割して持たせることでデータ容量の拡張が可能なスケールアウトが容易といった特徴を備えている。

NoSQLは、構造化されていないデータのために動的なスキーマをもち、キー・バリュー型、カラム型、ドキュメント指向型、グラフ型等のさまざまなデータモデルが存在する。**図1-15**にNoSQLのデータモデルの分類を示す。また**表1-4**にNoSQLの各データモデルの特徴を示す。

特にドキュメント指向型はXML（eXtended Markup Language）やJSON（JavaScript Object Notation）といった事前にスキーマの定義が不要なデータ形式を扱うことができるため、多種多様な情報の柔軟な統合・管理の実現が期待できる。ただしNoSQLは万能ではないためRDBとNoSQL双方のメリットを組み合わせた適切なデータベース管理手法を検討することが必要である。

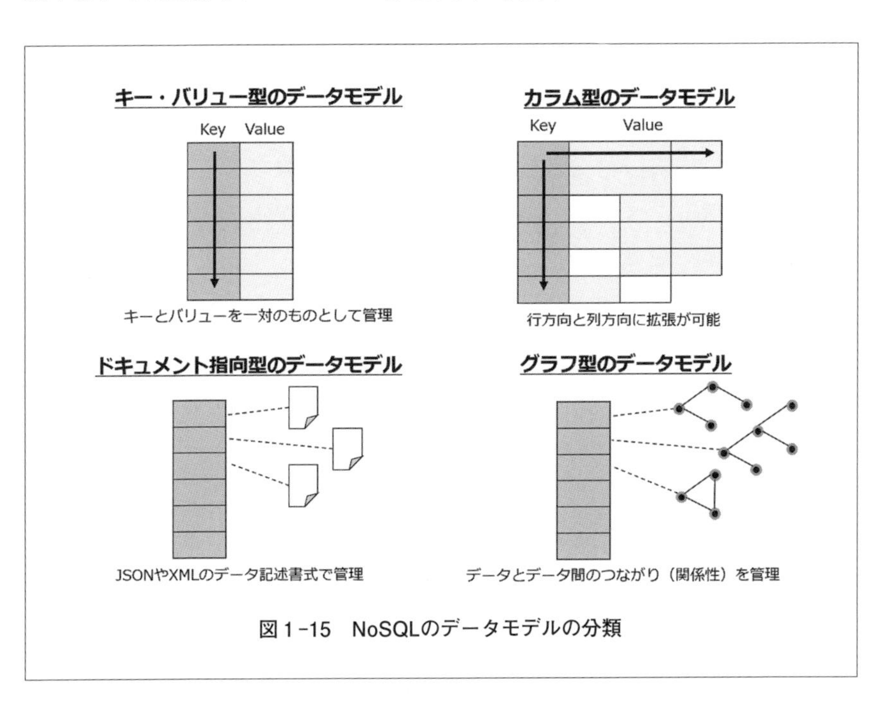

図1-15　NoSQLのデータモデルの分類

表1-4　NoSQLの各データモデルの特徴

種　類	特　　徴
キー・バリュー型	キー列（ID）とバリュー列（情報）で管理し、2列を増やす非常にシンプルな構造のデータベースである。サーバを増やして処理能力を向上させ、スケールアウトしやすい特徴がある。
カラム型	キーに対して列方向に複数のカラムをもたせることで動的に追加が可能となる。列に対してデータを集計するため高速で処理可能である。
ドキュメント指向型	JSONやXML形式などのドキュメントをそのまま登録・管理できる。複雑なデータ構造をしているアプリケーションのデータベースとして使用されるNoSQLである。
グラフ型	グラフ構造に基づいたデータベースであり、「ノード」「リレーション」「プロパティ」の三つの要素によって構成され、ノード間の関係性を表現している。FacebookなどのSNSで使用されているデータベースである。

ウ　分散システムで考慮すべき事項

防衛省・自衛隊における電磁作戦環境においては、中央集権的な管理から戦域における分散的な管理まで、スケーラビリティを持たせた電磁波管理を実現することが必要だと考えられる。中央集権的な管理では、膨大な量のデータを集約し、強力な計算機リソースを活用することができる。一方、戦域における分散的な管理では、計算機リソース、データへのアクセス等に制約が生じるが、迅速な意思決定等が期待できる。2000年代に米軍において“Power to the Edge”という概念が出てきたように、例えば、中央と戦域のネットワークが彼の妨害により切断された状況等においても作戦を遂行できるよう、末端（エッジ）に十分な処理能力を与えることも重要である。一般的に、中央から戦域に行けば行くほどシステムは分散化されるため、戦域における複数のシステムを“一つの分散システム”とした場合に適用可能なデータベース管理手法を考慮する必要がある。**図1-16**にEric Brewerにより提唱された分散システムにおけるCAP（Consistency, Availability, Partitions）定理[1-14]を示す。

分散システムにおいては、整合性(C)、可用性(A)および分断耐性(P)の３項目のうち最大２項目しか満たすことができない。そのため、戦域において電磁波に係る情報を適切に管理するためには、整合性、可用性および分断耐性を十分に考慮し、目的に合ったデータベース管理手法を適用することが重要である。

図１-16　分散システムにおけるCAP定理

⑵　最適周波数割当技術

最適周波数割当技術とは、電磁波に依存する複数のシステムが存在する環境下において限られた周波数資源を効率的に割り当てる技術であり、各システムにおいて所望の電磁波品質を達成することを目的とする技術である。ここでは、最適周波数割当技術として適用が期待される最適化手法と強化学習について説明する。

ア　最適化手法

最適化手法とは、最適化問題を解く手法のことで、「与えられた制約条件の下で、ある目的関数を最大または最小にする解を求めること」であり、数理計画問題または数理計画とも呼ばれる。

その中でも、最適解候補の集合が有限個数で、その目的が最も良い解決法を見つけることを「組み合せ最適化」という。厳密解が簡単に求まる場合もあれば、そうでない場合もある。そこで厳密解を求めるのが難しいと思われる問題を解くために、その問題の解空間を探索する場合もあり、そのためのアルゴリズムでは、効率的に探索するために解空間を狭めたりすることもある。図１-17に最適化手法による周波数割当のイメージを示す。

電波の物理的特性として、周波数が高ければ高いほど直進性があるが空間伝搬損失も大きいこと、また高い周波数帯ほど降雨等の気象の影響を受けやすい等、性質が大きく異なる。そのため、周波数割当を行う際には特定の周波数帯における伝搬損失等も十分に考慮した上で最適化を行うことも重要である。

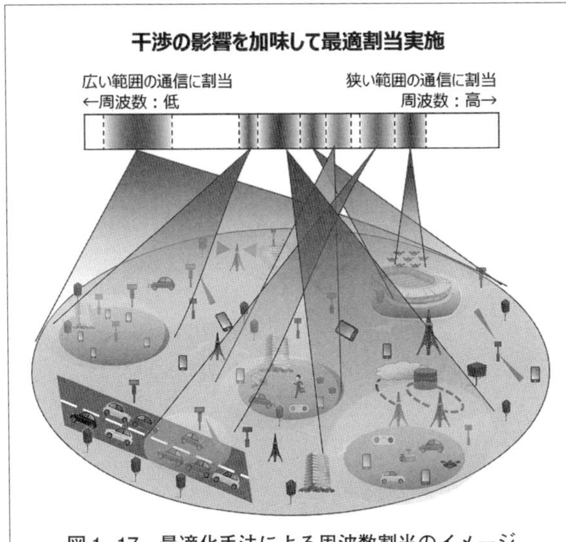

図 1-17　最適化手法による周波数割当のイメージ

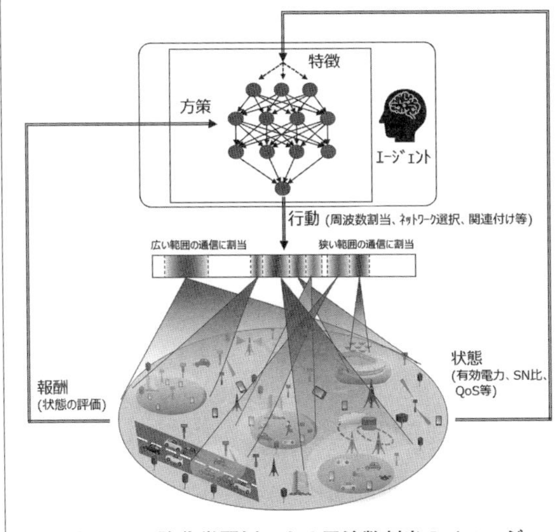

図 1-18　強化学習例による周波数割当のイメージ

イ　強化学習

強化学習とは、システム自身が試行錯誤しながら最適なシステム制御を実現する、機械学習手法のひとつである。ある環境内におけるエージェントが、現在の状態を観測し、取るべき行動を決定する問題を扱うものであり、エージェントは行動を選択することで環境から報酬を得ようとし、一連の行動を通じて報酬が最も多く得られるような方策を学習する。図１-18に強化学習例による周波数割当のイメージを示す。

この強化学習モデルでは、各システムでの有効電力、SN（Signal to Noise）比、QoS（Quality of Service）等の状態を観測し、周波数割当、ネットワーク選択およびそれらの関連付けなどの行動により、状態の評価において指標とするカバー率、すなわち報酬を最大化する。目的が複数となる強化学習を多目的強化学習というが、周波数割当を行う場合には、カバー率を大きくするだけでなく、電磁波に依存する装備品等の移動コストを下げるという二つの目的に対して報酬を与える等の工夫が必要になるものと考えられる。

３．５　次世代装備研究所における研究の実施状況

⑴　「電磁波管理支援技術の研究」の概要

次世代装備研究所では、電磁波領域における技術的優越の確保に資するため、電磁波管理に着目した体系的な研究を実施している。図１-19に「電磁波管理支援技術の研究」（以下「本研究」という）の概要を示す。

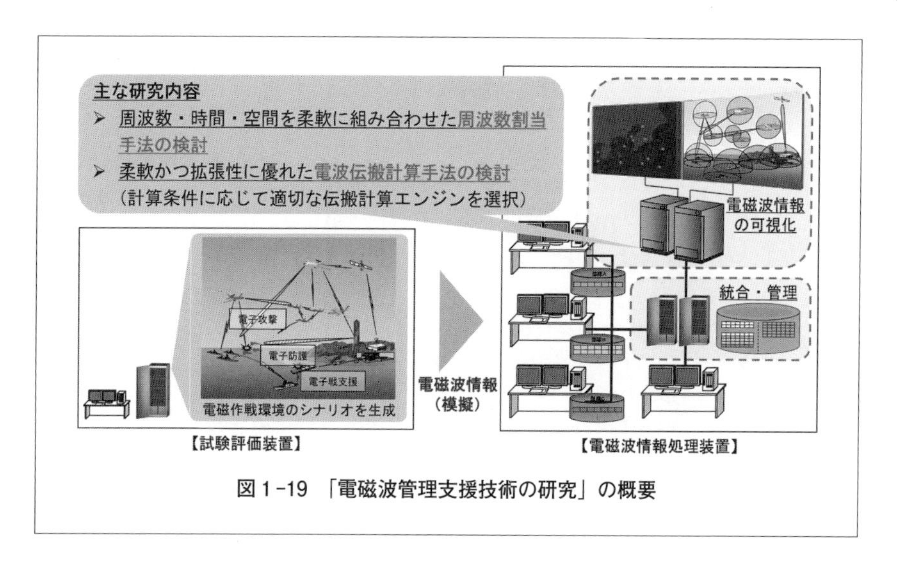

図１-19　「電磁波管理支援技術の研究」の概要

本研究の目的は「将来の電磁波領域における統合運用を支援するため、電磁波領域把握技術等の電磁波利用の適切な管理・調整を可能とする要素技術を確立する」ことである。主な研究内容は「周波数・時間・空間を柔軟に組み合わせた周波数割当手法の検討」および「柔軟かつ拡張性に優れた電波伝搬計算手法の検討」である。

研究試作品の主要な構成品は「試験評価装置」と「電磁波情報処理装置」の二つである。試験評価装置では、電磁作戦環境におけるシナリオを計算機上で模擬的に作成し、作成した模擬シナリオを電磁波情報処理装置に入力する。電磁波情報処理装置では、入力された模擬シナリオの情報を統合・管理するとともに干渉検討等を行い、電磁波情報の可視化を行う。

令和４年１月時点では基本的な設計を実施しているところであり、今後、具体的な実現手法等を明らかにしていく予定である。

⑵ 自律的かつ迅速な電磁波管理の実現に向けた検討

電磁波領域における技術的優越を確保するため、将来的には自律的かつ迅速な電磁波管理を実現することが重要だと考えている。**図１-20**に電磁波管理に

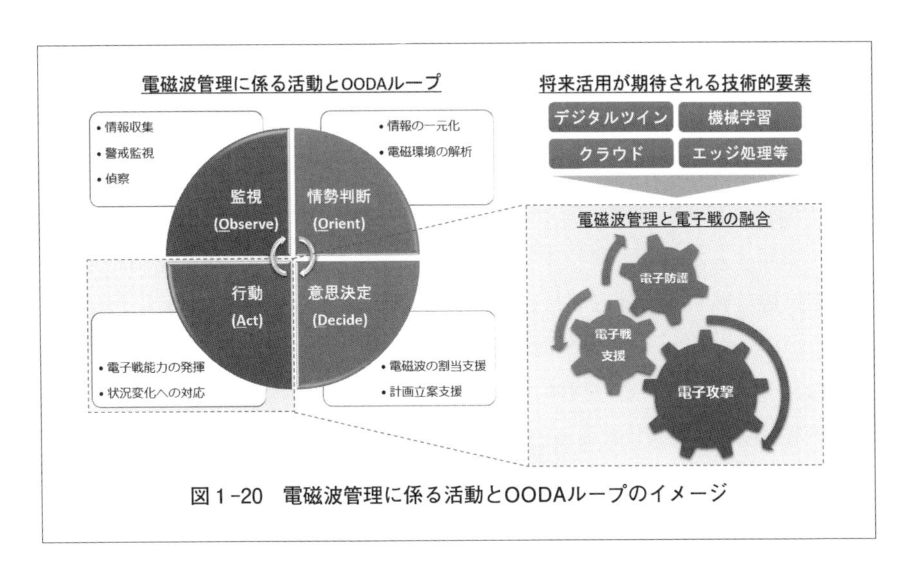

図１-20　電磁波管理に係る活動とOODAループのイメージ

係る活動とOODA（Observe、Orient、Decide、Act）ループのイメージを示す。

電磁波管理に係るOODAループは、例えば、情報収集・警戒監視・偵察（Observe）、情報の一元化・電磁環境の解析（Orient）、電磁波の割当支援・計画立案支援（Decide）および電子戦能力の発揮・状況変化への対応（Act）で構成される。特に“行動”においては、電磁波管理と電子戦能力を有機的に融合し、電子戦能力を効果的に発揮することが重要である。そのためには「デジタルツイン」「機械学習」「クラウド」「エッジ処理」等の最新の技術要素を積極的に取り込んでいくことも必要である。

例えば、各種センサで取得したデータをエッジ処理してクラウドに集約させる。クラウドでは機械学習やビッグデータを駆使し、将来予測を含めた処理を行う。実空間における取得が難しいデータについては、デジタルツインの仮想空間上に作成したモデルから実環境相当のデータを取得する。さらにデジタルツインの仮想空間上でこれらのデータを融合することで指揮官、幕僚等の意思決定の支援やグレーゾーンや有事に備えた訓練に活用することも考えられる。

本節では「電磁波管理の概要」「米軍の動向」「電磁波管理技術の概要」「次世代装備研究所における研究の実施状況」について概説した。

米軍では、電磁スペクトラム優位性戦略において「電磁スペクトラムにおける行動の自由」をビジョンに掲げ、統合電磁スペクトラム作戦に関するドクトリンを公開するとともに、電磁戦闘管理に係る能力開発を進めている。

次世代装備研究所で実施している「電磁波管理支援技術の研究」では、周波数・時間・空間を柔軟に組み合わせた周波数割当手法および柔軟かつ拡張性に優れた電波伝搬計算手法の検討を行い、電磁波管理に係る要素技術の確立を目指している。将来的には、電磁波管理に係るOODAループを迅速に回すとともに、電磁波管理と電子戦能力を有機的に融合し、電子戦能力の効果的な発揮に資することが電磁波領域における技術的優越の確保につながるものと考えている。そのためには、最新の情報通信技術に係る情報収集・適用検討を継続的に実施するとともに、運用者との対話を通じて潜在的なニーズを発掘することも重要である。

4. AIの研究開発と指揮統制への適用

4.1 AI技術

将来の戦闘では、同時多数の目標や時間的猶予が厳しい目標、陸・海・空・宇宙・サイバーの領域を横断する脅威への対応に迫られることが予想される。こうした戦闘に勝利するには、敵の判断や行動を上回る速度で状況の変化に適時適切に対応し行動することが重要となる。そのためには、さまざまな手段を駆使して多種多様かつ大量の情報を収集、統合・解析し、可能な限り高精度な状況図を迅速に指揮官に提供し続けることが求められる。

近年の情報通信技術の進展により、情報の収集は改善に向かうと考えられるものの、それを統合・解析する段になると従来の人間主体の処理では人間に大きな負荷がかかり、意思決定の律速となる恐れがある。テンプレートやルールの適用で解決できるような単純な処理であれば自動化プログラムを開発すればよいのであるが、統合・解析する処理は複雑であり人間が行うものとされてきた。しかし、近年目覚ましい発展を遂げている人工知能（Artificial Intelligence：AI）の技術は、人間が行うさまざまな知的活動を模擬し、一部において人間の能力を凌駕する結果を出している。

このようにますます高度化していくAIの技術を指揮統制の情勢判断や意思決定支援に適用することで、これまで人間が行うものとされていた業務の自動化と属人性の排除（長期間の疲労等による思考力の低下への対処を含む）が実現され、指揮統制の高速化と安定化という果実が得られる可能性がある。

そこで、本節では、はじめにAIの歴史を概観することで現在のAIとはどのようなものであるかを記す。次に、AIの研究開発の進め方について述べる。最後に、指揮統制へのAIの適用研究の全体像を示す。この中で、米国では国防総省がAI戦略を策定し、先進的なAI活用の取組が比較的オープンであることから、米国等の取組も紹介する。

4.2 AIの歴史

計測自動制御学会編の『ニューロ・ファジィ・AIハンドブック』[1-15]によれば、AIとは「人間の知能の理解および機械による知能の実現を目標とする研究領域をいう」とある。つまり、人間を知能の究極のモデルとして模倣、ある意味で人間知能を超えることを目指す工学と人間の知能の原理を究明する科学があり、工学と科学が補い合う関係でAIの研究を発展させてきた。

AIの研究は第1世代（1960年代）、第2世代（1980年代）、第3世代（2010年代）を経て現在に至る。第1世代では人間の知能の発露であるとわれわれが考えるタスクを遂行するプログラムを実現するための研究が活発に行われた。また脳の神経系を数理的にモデル化したニューラルネットワークが考案された（**図1-21**）。ニューラルネットワークは、データが入力される入力層、データを処理する中間層、最終的なデータを出力する出力層で構成される。それぞれの層は、神経細胞（ニューロン）に対応する多数の「ノード」と呼ばれる領域から構成される。ある層のノードと次の層のノードの間には「つながり」がある。個々の「つながり」には重み係数が割り当てられており、その大きさに応じて入力が増幅される。ニューロンは、自身への入力を足し合わせた結果がある閾（しき）

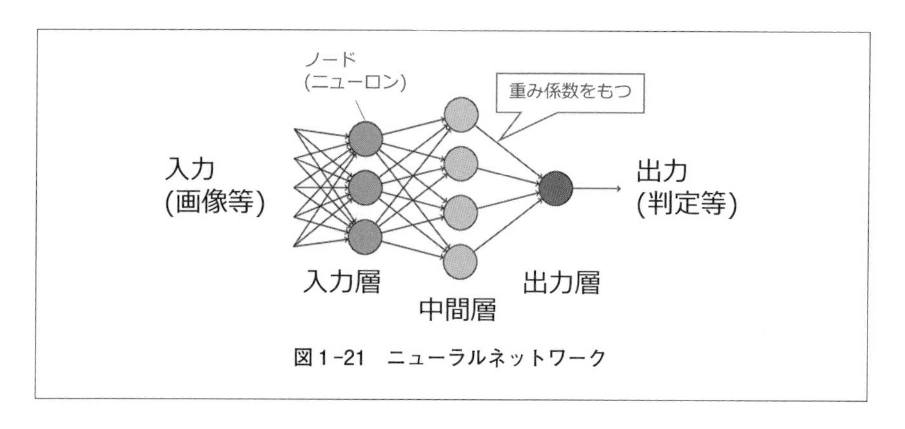

図1-21　ニューラルネットワーク

値を超えると発火という状態になり、信号を次のニューロンに出力する。中間層は1層とは限らず、何層も並んでいる場合があることに注意する。しかし、当時用いられていた、発火状態の扱いが単純なニューラルネットワーク（パーセプトロン）などのような第1世代のAIでは実用的でない問題ばかりしか解けなかった。

第2世代では、人が作成したルールに基づくAIの研究が活発に行われた。専門家の知識を蓄積したif-thenルールの集合体（データベース）を利用して推論を行い、結論を出力するエキスパートシステムがその代表である。しかし、ルールの入力作業が膨大になるという課題があるため、その後、人間が推論ルールを明示的にAIのプログラムに教えるのではなく、データをもとにプログラムが自分で推論ルールを学習するというアプローチ（機械学習）の研究が活発に行われた。

1979年には、視覚神経系の構造から着想を得たニューラルネットワークであるネオコグニトロン[1-16)]を福島邦彦氏が発表した。その後、ニューロンの層を何層も重ねること、隣接する層の間の「つながり」を局所的にすること、発火状態の扱いの改良により複雑な非線形効果を生み出すことなど地道な改良が加えられて深層畳み込みニューラルネットワークが考案された。これが深層学習である。

従来の機械学習手法では、パターン認識を行う際、対象物の画像からどのような特徴を抽出すればよいかという部分は人手で設計していた。こうして設計された処理に従って抽出された特徴量が機械学習のプログラムに入力されパターン認識を行っていた。深層学習では、対象物の画像を直接、深層畳み込みニューラルネットワークに入力しパターン認識まで行わせる（**図1-22**）。2012年にトロント大学のHintonのグループは深層学習の使用により、1000クラスの物体識別タスクの誤分類率の小ささを競う画像認識コンテスト（ILSVRC）において、認識精度がこれまでより10%以上向上するというエポックメイキングな結果を得た。2013年以降はILSVRCの上位を深層学習が独占、2015年には人間の認識精度を超える性能を示すようになった。こうした流れで現在まで発

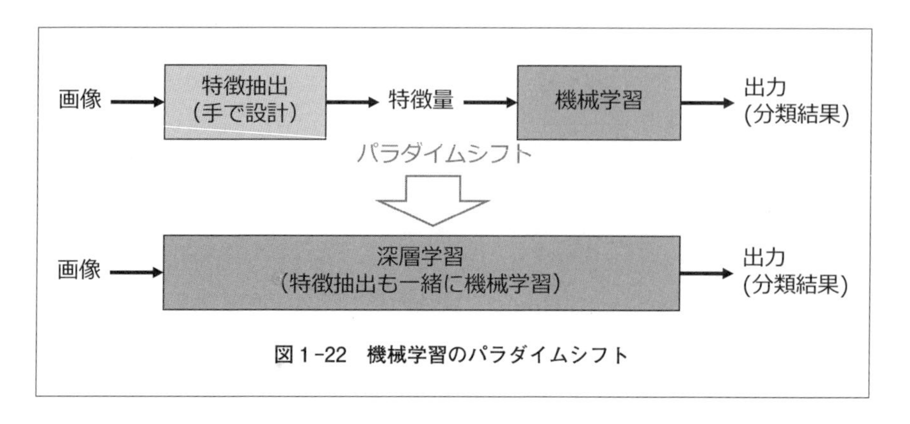

図1-22　機械学習のパラダイムシフト

展しているのが第3世代のAIである。

深層学習の場合、与えられた入力に対して所望の出力を得るようニューラルネットワークを学習させるには少なくとも千から万のオーダーの学習用データが必要となるのが一般的である。大量のデータがインターネットより入手しやすくなったことに加え、計算機の性能向上とアルゴリズムの地道な改良が第3世代のAI実現の素地を整えたといえる。

第3世代のAIの適用が期待される処理としては、①テンプレートやルールの単純な適用では対応困難な複雑な処理②ルール化に膨大な労力を要する処理③十分な質と量の学習データが入手可能な処理があげられる。ただし、第3世代のAIにも難点がある。第2世代までのAIに見たような人間の知能・知識を記号化、マニュアル化するアプローチは演繹的であり、AIの思考過程を説明することが比較的容易であった。艦艇の戦闘指揮システムにも採用されている。一方、第3世代のAIは帰納的であり、経験から学ぶ分野や言語で説明しにくい問題に強いがAIの思考過程を説明することが不得手である。根拠無しに結果だけ示されても「納得感」がない。防衛用途のように説明可能性が強く求められる分野においては、第3世代のAIだけで足りるというものではなく、演繹的なAIとの併用など難点を何らかの形で補うという視点が大切である。

4.3 AIの研究開発

第3世代のAIの果実を享受するには、AI技術の特性を踏まえて研究開発を進める必要がある。ここでは、経済産業省のガイドライン[1-17]や国立研究開発法人産業技術総合研究所のガイドライン[1-18]を参考に、AIの学習・利用の流れをまとめた後、AIの研究開発の進め方について述べる。

(1) AIの学習・利用の流れ

AIには学習と利用の二つの段階がある。学習段階においては、①学習用データセットを生成し、次に、②学習用データセットを利用して学習済みモデルを生成する。利用段階においては、学習済みモデルに実際のデータを入力することで、推測・予測等の出力を得る。

学習段階の①では、まず生データを用意する。生データとは、データベースに読み込むことができるように変換・加工処理されたデータのことである。次に、学習に適さないデータ（欠損値や外れ値等）の除去などを行い、所望の出力（教師信号）を各データに紐づける。②では、まず学習用プログラムを用意する。学習用プログラムは「学習前パラメータ」と「ハイパーパラメータ」をもつ。学習前パラメータとは、これから行う学習を通して値が導出されるパラメータのことである。ハイパーパラメータとは、学習の枠組みを規定するためのパラメータであり、学習を通してではなく人間が値を与える。学習用データセットを利用して学習用プログラムを実行すると学習済みモデルが生成される。

(2) AIの研究開発の進め方

AI技術には、学習済みモデルの性能等がソフトウェア開発の契約締結時に不明瞭な場合が多いという特性がある。従来型のソフトウェア開発に慣れ親しんだユーザーは、学習済みモデルやこれを用いたシステムは一定レベルのもので完成･納品することをあらかじめベンダに保証させたいと考えるものである。

しかし、AIの性能等は提供された学習用データセットを用いて実際に学習させてみないことには分からないものである。そこで、経済産業省のガイドラインでは、開発を複数段階に分け、段階的に開発を進めていく「探索的段階型の開発」を提唱している（**図1-23**）。これは、(A)アセスメント、(B)PoC（Proof of Concept：新たな概念やアイデアを、その実現可能性を示すために部分的に実現すること）、(C)開発、(D)追加学習の4段階に開発を分ける。

(A)のアセスメントでは、それほど労力をかけずに準備できるサンプルデータを用いて短期間でAIの導入可否を見極める。この段階では、いかなる課題を解決するのかという課題設定についてユーザーの積極的かつ主体的な関与が必要不可欠である。「とりあえずAIを導入したい」というような漠然とした問題意識ではいけない。ここで参考になるのがユーザー中心設計（User Centered Design：UCD）である[1-19), 1-20)]。

UCDとは、技術優先の考えや作り手の勝手な思い込みを排除し常にユーザーの視点に立つ設計思想のことである。UCDの標準的なプロセスは、①調査：ユーザーの利用状況を把握する②分析：利用状況からユーザーニーズを探索する③設計：ユーザーニーズを満たすような解決案を作成する④評価：解決案を評価する⑤改善：評価結果をフィードバックして解決案を改善する、⑥反復：評価

	アセスメント ➡	PoC ➡	開　発 ➡	追加学習
目的	それほど労力をかけずに準備できるサンプルデータを用いて短期間でAI導入可否を検証	一定のサンプルデータを用いてユーザーが求める精度の学習済みモデルが生成できるか開発の可否を検証	多数のデータを用い、学習済みモデルを生成。相応の精度を期待	ベンダが納品した学習済みモデルについて、追加の学習用データセットを使って学習。精度を向上
成果物	検証結果を記載した簡易なレポート	分析手法、データ処理手法、精度等をまとめたレポート	学習済みモデル	再利用モデル

図1-23　探索的段階型の開発

④と改善⑤を繰り返す、というものである。①〜②では「ユーザーの声」を聞くだけではなく、ユーザー本人でさえ気付いていない暗黙の要求まで探索しなければ正しい解決に結びつかない可能性があるため、ユーザーの業務に自らの身を置き、不明なことはヒアリングすることが求められる。UCDのこのような態度は、アセスメントの段階において課題設定を正しく行おうとするときの模範になる。

(B)のPoCでは、ややサンプルデータを多くしてユーザーが求めるような性能等を出せるような学習済みモデルを生成できるか検証しAIの開発可否を見極める。(C)の開発では、十分なデータを用いて相応の性能等が出るよう学習済みモデルを生成する。(D)の追加学習では、ベンダが納品した学習済みモデルについて追加の学習用データセットを使って学習し、性能等を向上させていく。AIの育成は(C)の段階で終わるのではなく(D)の段階もあることに注意されたい。AIの再学習やモデル調整を元のベンダへの外注ではない形で行う可能性がある場合、その実施の妨げになることはないか確認する必要がある。契約対象の成果物・データのどの部分をどのような条件で利用することを認めるのか双方の利用条件をきめ細やかに設定することで双方の目的が達成され適切な合意に至ることが望ましい。また最新のAI技術を将来も取り入れていくには、特定の事業者や製品に依存することなく他社に引き継ぐことが可能なシステム構成を考慮しておくことも大切である。

一方、産業技術総合研究所のガイドラインでは、「混合型機械学習ライフサイクルプロセス」を提唱する。これは、(B)PoCに対応する「PoC試行フェーズ」、(C)開発に対応する「本格開発フェーズ」、(D)追加学習に対応する「品質監視・運用フェーズ」の３段階に開発を分ける。

PoCには実装の先読みの要素があり、そこで得られた知見が「本格開発フェーズ」に反映される。このフェーズでは品質を要求されることが多いため、上流工程から、機械学習要素以外の構成要素については下流工程まで、工程管理に注力するウォーターフォール型に準じた開発モデルの適用が想定される。機械学習モデルについては反復型の開発モデルの適用が想定され、これはUCDの

③〜⑥に思想が類似している。

以上のように開発を複数の段階に分けて順番に進めていくことで開発リスクを限定できるとともに、契約締結時に不明瞭だったAIに求める水準についてユーザーとベンダが相互に理解を深めながら合意形成していくことが可能となる。またユーザーはAI技術の適用対象となる業務に関するノウハウをもち、ベンダはAI技術の研究開発に関するノウハウをもつ。生データの取得方法や各データに教師信号を紐づけるための知見はデータを日常的に取り扱っているユーザーが有することが多い。

一方、どのようなデータがあれば学習が行いやすいか、このデータはノイズとして除去した方がよいのかといったノウハウをベンダが有する場合がある。従って、AIの研究開発はユーザーとベンダの共同作業ということができる。ただし、ノウハウは特許法上の発明等の知的財産権の対象となり得るものもある。ユーザーが権利をもつ部分もあり得るだろう。後でトラブルにならないように当事者間で利用条件を正しく設定することも大切である。

学習用データに大きな偏りがある場合、精度の高い学習済みモデルを生成できないことが多い。生データをいかにして準備するかは極めて重要である。一般に、AIの開発の７〜８割は生データの取得〜学習用データセットの生成が占めるといわれる[1-21), 1-22)]。この工程において、ユーザーは大きな責任と役割を担っていることを忘れてはならない。

4.4　指揮統制へのAIの適用研究

防衛における指揮統制は、Observe（観察）、Orient（情勢判断）、Decide（意思決定）、Act（行動）のサイクルを繰り返すOODAループとして表現される。Observeでは、電波や光波などのセンサを用いて監視を行い、情報を収集する。Orientでは、収集した情報をもとに彼我の情勢判断を行う。Decideでは、彼我の情勢判断をもとに我がとるべき行動を決定する。Actでは、指揮官の決定に基づき攻撃や防御等を実行する。

指揮統制の高速化と安定化のためにOODAへのAIの適用を考える場合、センサ処理が主体のObserveは民生におけるAI技術の応用で解決できることが多いと考えられる。高速に移動する脅威への対応が必要なActもシステムがすでに自動化されていることが多い。これまで自動化が難しいと考えられ、防衛省が主体となって第3世代のAI適用研究に積極的に取り組むことが期待されるのはOrientとDecideが中心であると考えられる。OrientとDecideで行われる業務を簡単に整理すると**表1-5**、**図1-24**のようになる。OrientとDecideを比較すると、Decideの方が高度な知的活動を必要とするため、AI適用の技術的

表1-5　OrientとDecideで行われる業務の簡易的な整理

Orient	情報統合	大量・多種のデータを分析し、情報資料を作成する
	現状分析	不確実かつ不完全な取得情報から敵部隊の種別や規模等の現状を推定する
Decide	作戦立案支援	戦闘力を効率的かつ効果的に発揮する作戦の立案支援を行う
	将来戦況予測	現状分析結果や敵の企図、味方の弱み等に基づき、各作戦案の戦況を予測し、形勢評価を行うことで指揮官の決心を支援する

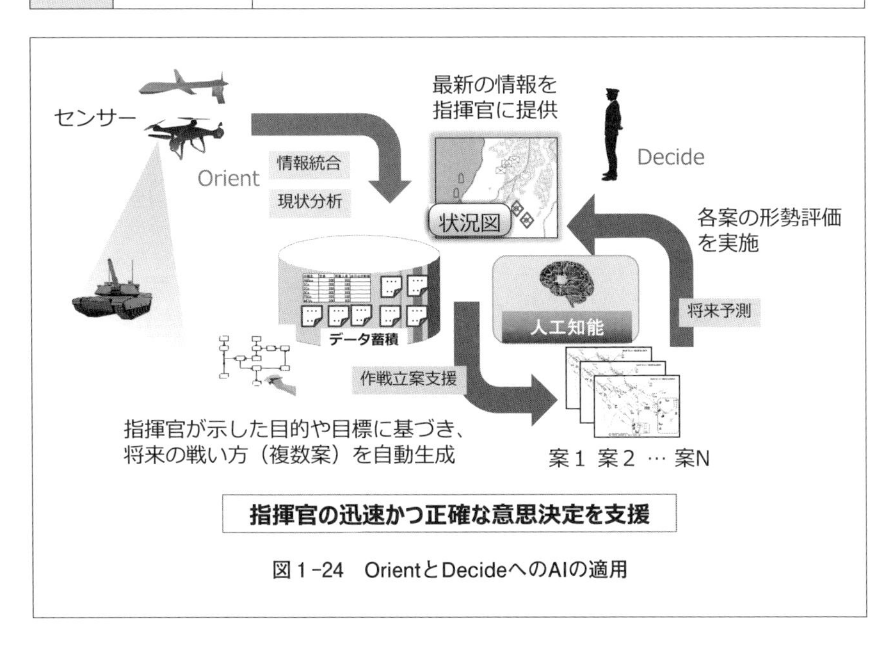

図1-24　OrientとDecideへのAIの適用

難易度が高くなる。

先に述べたように、Observeについては民生技術の応用で解決できるものも多いが、適用先によっては独自の研究開発が必要な技術課題が存在する場合もある。たとえば、われわれの研究室では、海自哨戒機のレーダにより取得した画像に映された目標の類識別にAIを応用する技術を確立するための研究を令和２年度から実施している[1-23]（**図１-25**）。レーダ画像には目標が不明瞭に映され、ノイズや欠損がある場合もある。

またレーダは目標が反射する散乱波や周波数偏移を捉えるため、目標の細かな形状や材質の違いの影響を受けて、目標の方位角によって画像上の目標の見え方が大きく変化するという画像判読の難しさがあり、このような複雑な処理は自動化が難しいとされてきた。こうした特有の課題がある処理に第３世代のAIを適用する研究を実施している。機上システムへのAIの搭載および部隊での容易な操作・維持管理を実現するため、機上業務に従事する部隊の意見を取り入れて要求分析を行い、設計の工程を段階的に踏み、運用のための品質保証および構成を満たすソフトウェア、ハードウェアを本研究の中で試作し、適用効果を検証・評価することとしている。本研究の成果は、機上レーダシステム

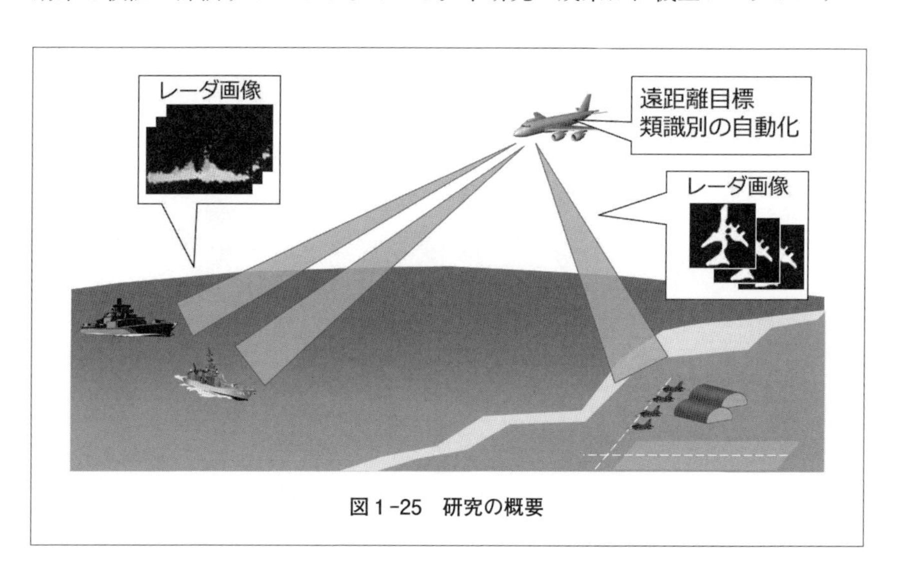

図１-25　研究の概要

の更なる自動化に貢献するものと考えている。このように、ObserveやActであっても適用先に特有の技術課題があり独自の研究開発が必要な場合があることに注意されたい。

Orientの情報統合ではさまざまな手段を駆使して収集した多種多様で大量の情報を、その時々の利用目的に応じてAIが処理しやすいようなデータベースとして一元的に管理できるようにすることが重要である。ここでは、目的に応じた情報抽出、データの保全性の確保、偽データ（誤情報、フェイク、欺瞞）への対応、効率的な維持管理などに着眼する必要がある。

米国のJAIC（Joint Artificial Intelligence Center）では、データが分散しストーブパイプ的な活用になっているとの問題意識のもと、クラウドベースのAI開発環境であるJCF（Joint Common Foundation）[1-24]を構築している。JCFは異なる秘密区分のデータを取り扱うことが可能であり、ツール・アルゴリズム・ソースコード・モデル・データセット等の共有が可能である。文献1-25)では、異種データを連携させて分析などを行う仕組みとして、欧州を中心にオープンソースとオープンなインターフェースで開発されたFIWARE（ファイウェア）[1-26]があり、高松市が防災と観光に関するデータ連携に活用していることを紹介しているが、このような取り組みは防衛用途にも参考になると考える。

Orientの現状分析では、大量の報告・情報を確認しつつ、敵部隊や敵可能行動を推定し、その結果を状況図に提供する業務の負担が大きい。現状分析については、現場からの報告・情報を空間的または時間的な距離の近さなどに基づきグルーピングし、あらかじめ見積もっていた敵可能行動のパターンと照合することで敵部隊の現状を推定し得るものと考えられる。このパターン照合に第３世代のAIの適用可能性がある。この推定はいくつかのパターンについて確率的に行うものなので、観測結果に応じて推定精度を高めていく手法と組み合わせるなど、防衛用途に適合する形でアルゴリズムを改良するところに独自の技術課題がある。

また「兵は詭道なり」（孫子）と言われるように、戦いとは騙し合いであるので、敵可能行動の見積もりの裏をかかれる危険がある。そうしたことがないように、この見積もりにもAIを適用することが期待されるが、技術的難易度が高い。たとえば、ブルーチームとレッドチームがシミュレーション上でプレイ（戦闘）を繰り返し、そのプレイを通じてAIにプレイスタイルを学習させ、敵の可能行動を見積もれるように成長させていくという方法が可能かもしれない。

Decideへの AI適用を考えるにあたり、指揮統制を作戦支援、戦術支援、交戦支援の三つのレイヤーに整理するとよい。作戦支援レイヤーでは、上級指揮官が部隊全体の行動を指揮するための意思決定を支援する。戦術支援レイヤーでは、部隊等の戦闘を支援する。交戦支援レイヤーでは射撃管制や武器管制を行い、艦艇の戦闘指揮システムがその一例である。この中で作戦支援レイヤーは、カバーする領域が最も広く、将来予測のスパンが最も長いため、AI適用に関して技術的難易度が最も高い。

米国では、陸軍の人工知能タスクフォースAITFが、航空および地上のビークルのセンサとエッジ・コンピュータをネットワークで結び、関心領域にある物体、障害物および潜在脅威を類識別、位置局限するとともに状況図を生成し意思決定に係るリコメンドや予測を提供することを目的としたAIシステムの開発プロジェクトATR-MCAS（Aided Threat Recognition from Mobile Cooperative and Autonomous Sensors）[1-27] を進めている。

DecideへのAI適用に関する民間における成功例として、イ・セドル九段に勝利した2016年の囲碁ソフトAlphaGo[1-28] がある。しかし、**表1-6**に示したように防衛における指揮官等判断は、囲碁に比べ、パラメータが莫大であり問題が複雑であるため、民間における囲碁AIの研究成果をそのまま応用することができない。ただし、その後の進化形である2020年のMuZero[1-29] では盤面やルール、戦略を知らない「無」の状態から人間や既存AIを超える強さに至っており、民間の研究は汎用性の高いものに発展している。

さらに、民間では、サッカーなどのスポーツにおいて、対戦チームのリアクションの予測や戦術分析のためのAI適用研究が始まっている[1-30]。こうした

表1-6　指揮官等判断と囲碁のプレイとの比較

	指揮官等判断	囲碁のプレイ
部隊数	可変	固定
部隊の配置	可変	固定
移　動	非同期に移動	彼我が交互に移動
移動の種別	可変	駒ごとに固定
地　形	山、海等があり多様	碁盤上で単純
その他の考慮事項	・天候の考慮 ・友軍相撃防止の考慮 ・残存性の考慮	—

AIをDecideにも適用することができれば、さまざまな作戦を高速に立案、評価することで作戦の最適化や人間に新たな気づきを与えることができるかもしれない。ただし、スポーツの場合は数々の試合から学習用データを蓄積することができるが、将来の複雑な戦闘様相を想定した各種事態に活用できる複雑なデータについては実データや訓練時のデータでは質・量ともに不足すると考えられるため、データの不足をどのようにしてシミュレーションで補うのかという点が重要になる。過去の図上演習で得られた知見をプログラムが処理できる形に変換し、データベース化して最大限活用するとともに、シミュレーターに与える入力を極力簡易にしてDecideを支援できるようにするところに独自の技術課題がある。今後は、各種事態が発生した場合において状況に合わせて迅速かつ的確に指揮官等による意思決定を支援する研究が求められると考えている。

以上のように指揮統制へのAI適用について整理した。文献1-31)で述べられているように、防衛用途のシステムではAIの出力結果の妥当性を高いスキルがあるユーザー（自衛隊）が確認することが必要不可欠であり、またAIの学習に使用するデータは機微な取り扱いが求められる可能性もあるため、自衛隊自身がAIのためのデータ管理、モデル検証等を実施できる態勢を見据えて研究開発を進める必要がある。

防衛装備庁では指揮統制へのAI適用研究にも積極的に取り組んでいきたいと考えている。そのためには、防衛装備庁がユーザー（自衛隊）とこれまで以上に密接に連携した実施体制を構築する必要がある。AIの研究開発ではユーザー（自衛隊）が技術への造詣を深めるとともに、ベンダ（研究開発機関としての装備庁を含む）もユーザー（自衛隊）の業務を深く理解することが大切である。加えて、AI技術の特性に合うように研究開発のプロセスを改善していく必要がある。AI技術は進展が速いため、民間における技術動向を把握し、いち早く取り込んでいくこと、そのために、外部専門家の活用、日頃からのデータ整理・蓄積、データへのアクセス手段の確保なども求められる。

AI技術の研究開発の成果をユーザー（自衛隊）に使いやすい形で反映するため、ユーザーインターフェースなどについても反復的にユーザー（自衛隊）の意見を取り入れながら研究開発を実施していきたい。今後の基礎研究に対しては、人間はごく少数のデータから学習することができることから、人間の学習を科学的にさらに詳細に分析し、それを工学に応用することで演繹と帰納を自在に操る第４世代のAIが考案されることを期待する。

第2章

センシング関連の先進技術

1. 電波センサ技術―広域監視システム

1.1 MDA

わが国は四方を海に囲まれ、広大な排他的経済水域や長い海岸線を有する世界でも有数の海洋国家である。一方、近年では他国によるこれら海空域周辺での活動が拡大・活発化しており、海洋を取り巻く厳しい安全保障環境のもとで適切な対応と海洋資源の確保のために、MDA（Maritime Domain Awareness：海洋状況把握）能力を強化していかねばならない。その取り組みの中で、第３期海洋基本計画（平成30年５月、閣議決定）においてMDAの能力強化に係る主要な施策として情報収集体制の強化が示されており、防衛省・自衛隊および海上保安庁が保有する艦艇、巡視船および航空機の他、宇宙空間の衛星やレーダ等の陸上施設のさまざまなアセットの活用を視野に入れ、更なる常続的な広域警戒監視を含む情報収集体制を強化していく必要がある[2-1]。

警戒監視の分野では、従来から遠方のものを昼夜や天候に影響を受けずに監視できるレーダを代表とする電波センサが広く利用されてきた。しかしながら、地球は湾曲しているため物理的に電波が届かない見通し外の領域が存在し、遠方の海面や低空で侵入してくる目標の探知は不可能とされている。そのため、レーダを航空機に搭載し上空より見通し距離を確保して監視を行う早期警戒機や哨戒機の運用が行われているが、広大な領域における24時間365日の常続的な監視は、整備も含めた運用部隊の人的・物的リソースの負担が大きい。

そこで、わが国周辺の離島を含む広大な海空域の監視情報を効率的に取得するため、防衛装備庁次世代装備研究所では見通し外領域まで電波が到達する短波を用いた地上設置レーダについての研究を実施しており、ここではその見通し外レーダの技術獲得状況について紹介する。

また宇宙領域を利用した効率的かつ常続的な広域警戒監視のための技術の重

要性も増しており、かかる観点から電波センサを衛星に搭載し広域を監視する電磁波観測衛星についての技術動向もまとめる。

1.2　見通し外レーダ

(1)　見通し外レーダの概要

従来のマイクロ波レーダは電波の直進性から地球の湾曲により存在する水平線以遠の領域には電波が到達せず、その見通し外の海域や低空で侵入してくる目標については物理的に電波が照射されず探知することはできない。特に、レーダを設置できる標高の高い山が存在しない領域にあっては、地上設置型の見通し外レーダは従来のマイクロ波レーダに対する補完機能を発揮し得る監視システムとして期待できる。

短波は一般的な監視レーダで用いられているマイクロ波に比べて100倍以上の長い波長の電波であり、海面を表面波伝搬したり電離層の反射により遠方へ伝搬したりと固有の特徴を有している。前者の表面波伝搬を利用したレーダは短波帯表面波レーダ（HF Surfacewave Radar)、後者は電離層反射レーダ（Skywave Radar）と分類され、一般的に短波帯表面波レーダの探知距離は約100～300km、電離層反射レーダは1,000～3,000km程度と見積もられている（**図2-1**）[2-2]。電離層反射レーダの方がより遠方まで監視できるものの、電離層反射の伝搬経路の特性上、レーダから約500kmまでの距離にはSkip Zoneといわれる電波が照射されない不感領域が存在してしまう。これらの見通し外レーダは広域監視や早期警戒のため、米国、ロシア、オーストラリア、カナダ、フランス、中国等の海空軍や沿岸警備隊に

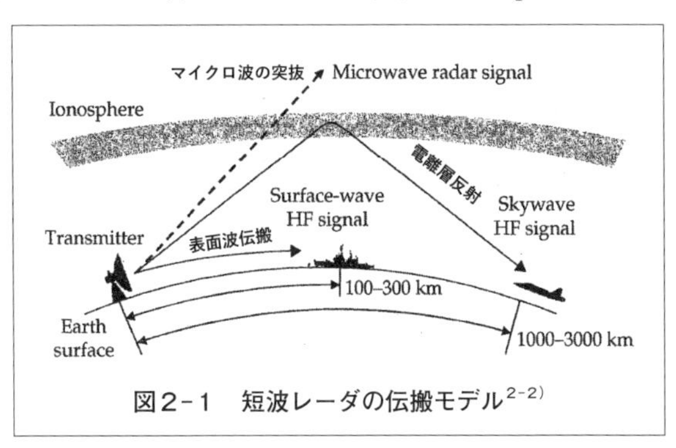

図2-1　短波レーダの伝搬モデル[2-2]

おいて運用されており、現在でもいくつかの国で研究が進められている[2-3]。

(2) 短波帯表面波レーダ

次世代装備研究所では見通し外レーダの研究として、**図2-2**に示す表面波伝搬を利用したレーダを研究試作し、そのレーダ原理の成立性を確認するとともに性能評価を実施している。本レーダは**図2-3**に示すように、送信アンテナ、受信アンテナと送信部、受信部、信号処理部で構成されており、送信は1本の送信アンテナで警戒監視覆域にブロードに電波を放射し、受信はリニアに配置された複数のアンテナを用いたDBF（Degital Beam Forming：デジタル・ビー

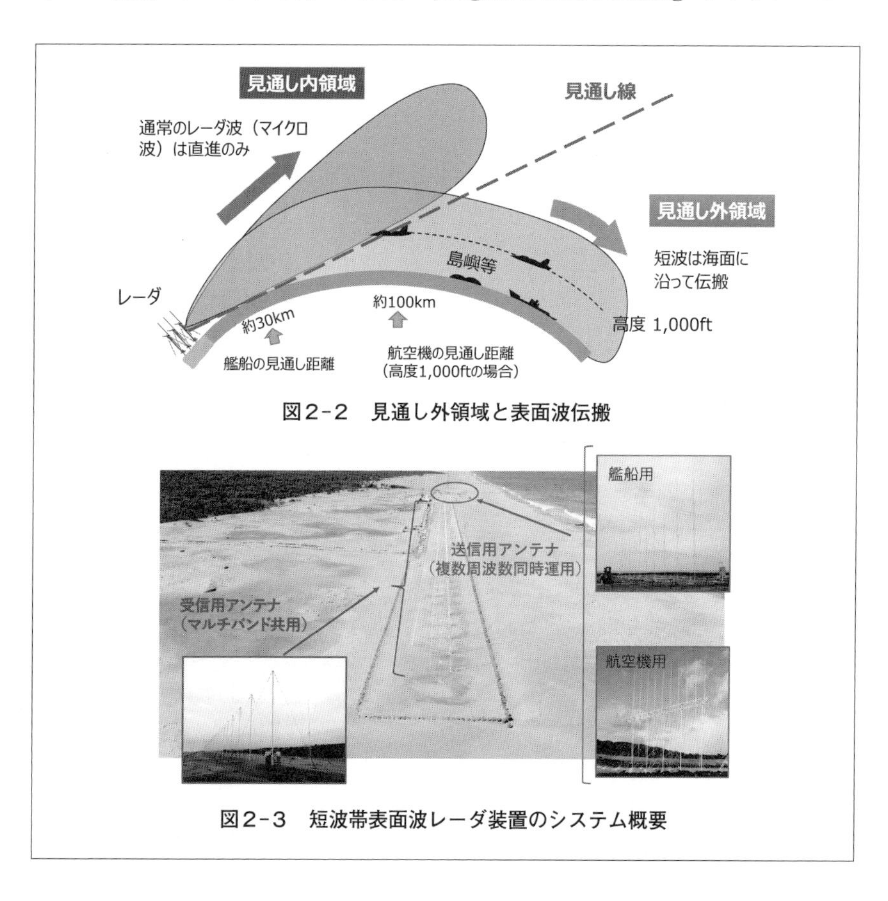

図2-2　見通し外領域と表面波伝搬

図2-3　短波帯表面波レーダ装置のシステム概要

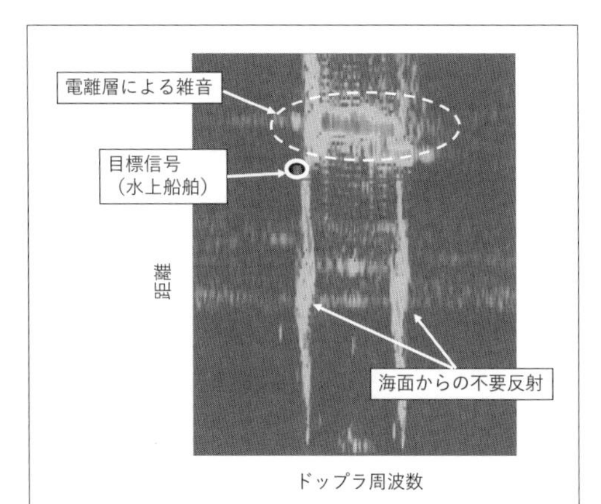

図2-4　レンジ・ドップラマップにおける目標信号と各種クラッタの分布

ム・フォーミング）処理による受信マルチビームを形成することで、目標探知の方位精度を向上させている。本レーダ装置は、地表による伝搬ロスを低減するため、できるだけ海岸線近くに設置する必要がある。艦船や航空機の短波帯に対する反射特性の知見を得るため、送信アンテナは複数の周波数を同時に送信できるように複数設置し、一方、受信アンテナについては、複数の周波数に対して共用で受信できるアンテナを用いることでシステム規模を小さくする構成としている。なお本研究の中で平成30年11月にMDAへの利用の観点から海上保安庁と研究協力協定を締結している。

短波帯表面波レーダで取得した目標が存在する方位のレンジ・ドップラマップを**図2-4**に示す。本データは横軸がドップラ周波数、縦軸が距離を表しており、受信信号に含まれている目標信号やクラッタ電力の分布を視覚的に解析できるものである。図2-4においても電離層によるクラッタや海流によるブラッグ散乱が強く観測されており、微弱な目標信号の検出を困難にしている様子が確認できる。この雑音の影響が従来のマイクロ波レーダとは大きく異なる点であり、各種クラッタ抑圧等の信号処理を用いることで、それら短波帯特有の不要波成分を抑圧し、目標の検出を可能にする。試験結果の一例として、海上保安庁巡視船の目標探知試験結果を**図2-5**に示す。見通し外領域において目標の探知ができていることを確認した。なお巡視船の他、大型民間フェリー、海上自衛隊護衛艦、哨戒機、旅客機、小型航空機等、さまざまな大きさの目標を用いて見通し内外のデータを取得し、探知覆域や距離・方位精度の他、目標の大きさとレーダ周波数(電波の波長)の関係性についても評価を実施している。

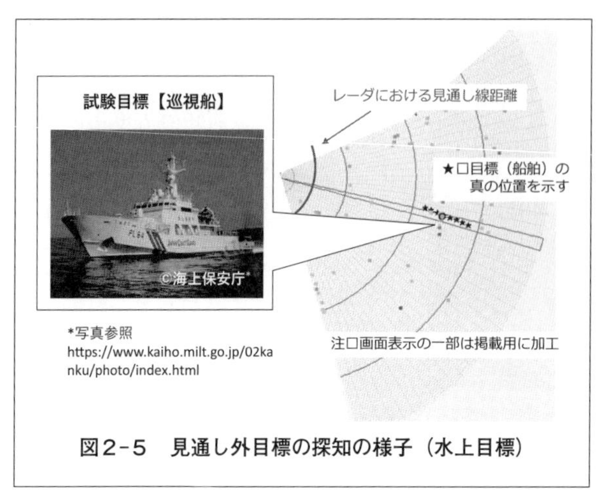

図2-5　見通し外目標の探知の様子（水上目標）

また各種クラッタを含む不要波成分には信号の出現位置や分布形状に特徴があるため、レーダ技術者や熟練したオペレータが図2-4のレンジ・ドップラマップ等の取得データを分析すると、探知プロットが船舶や航空機等の目標なのか、電離層クラッタや海面クラッタに起因する誤警報なのかといった識別ができるようになる。そこで、これらクラッタデータをAI（Artificial Intelligence：人工知能）に機械学習させることにより、クラッタに起因する信号の識別による誤警報率の低減が可能になると考え、AIを適用したレーダ能力の向上に関する研究も実施している。

(3)　電離層反射型レーダ

(1)項で述べたように、電離層反射型レーダは表面波レーダと比較して探知距離が長い一方で、送信電力も大きく施設規模が大きくなってしまう。オーストラリアや米国等の広大な国土と長い海岸線を有している国においては、1,000～3,000kmの領域で船舶や航空機に対する監視能力強化のために電離層反射型レーダが運用されている[2-4]。一方、独特な電離層反射型レーダの形態としては、**図2-6**に示すフランスのNostradumusが知られており、MIMO（Multi-Input Multi-Output）技術を利用したY型のアンテナ配列によって小規模なシステム構成を実現している。本レーダシステムはオーストラリアに設置されている大規模なJORN（Jindalee Operational Radar Network）等の電離層反射レーダに比べて探知距離は短いものの、**図2-7**に示すように1,000km付近の見通

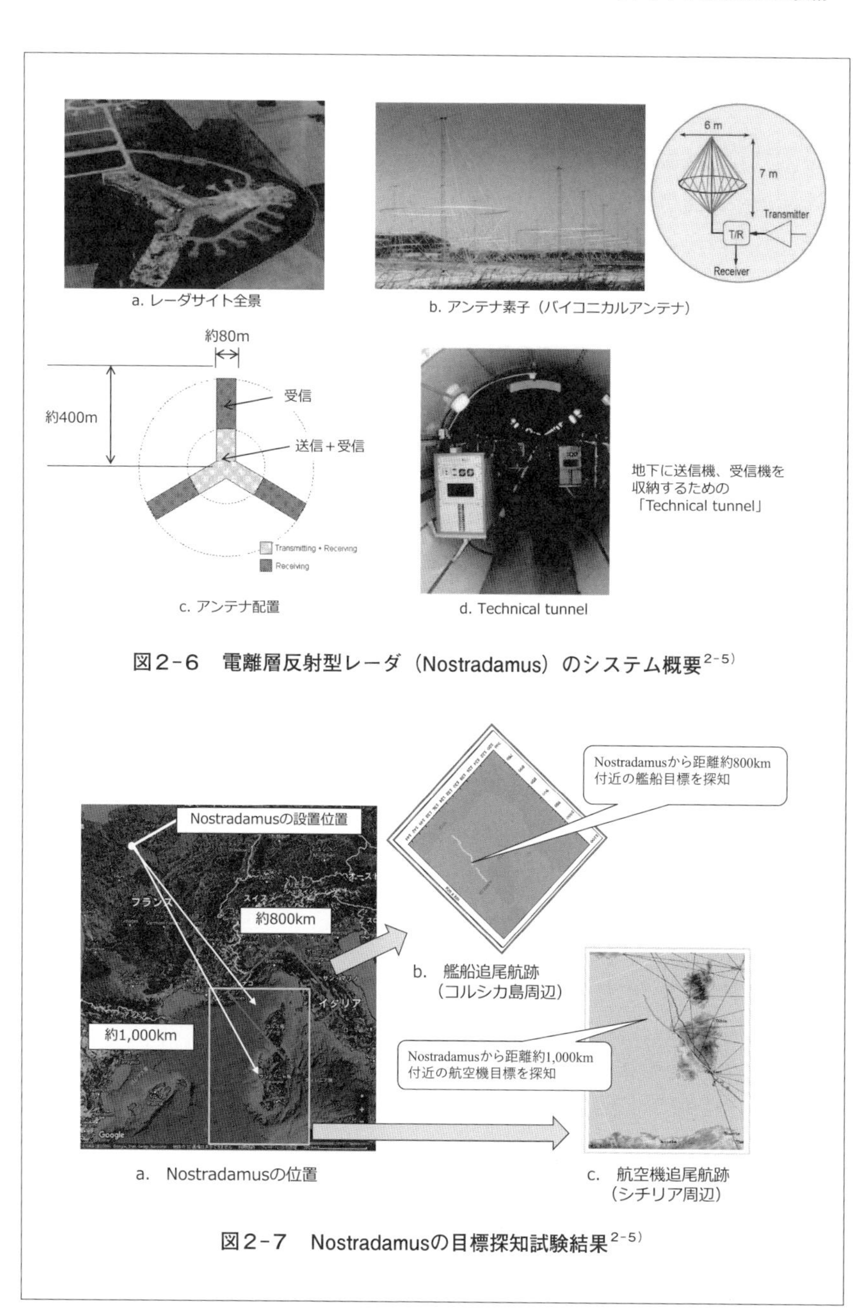

図2-6　電離層反射型レーダ（Nostradamus）のシステム概要[2-5]

図2-7　Nostradamusの目標探知試験結果[2-5]

し外の航空機や船舶の探知に成功した報告もされており[2-5]、国土の狭隘なわが国にとっても採用しやすいシステム構成と考えられる。

一方で、電離層反射型レーダをわが国で運用するための技術課題は、わが国の各季節や時間帯の電離層状況に応じた最適な電波を制御して送信する技術である。電離層反射レーダは反射点の電離層高度により観測領域が変化するため、観測したい領域に対して電波の打ち上げ角度を周波数を用いてコントロールする必要があり、その瞬間の電離層の高度方向の分布に応じたFMS（Frequency Management System：周波数制御システム）技術を確立しなければならない。電離層反射点の電離層の状態を計測するシステムとしてNICT（情報通信研究機構）が運用しているイオノゾンデ等があり、チャープサウンダーを用いて直接的に電離層を観測することも可能であるが、わが国で保有する４ヵ所のイオノゾンデ施設の直上に必ずしも電離層反射レーダにおける電波反射点が幾何学的に存在するわけではないため、チャープサウンダー以外の電離層推定技術の獲得が必須である。オーストラリアやフランスではグランドエコーの周波数分布を観測することにより伝搬特性を推定する後方散乱サウンダー方式が研究されている他、近年では衛星間または衛星－地上間のGNSS（Global Navigation Satellite Systems：全球測位衛星システム）信号等の電離層による遅延時間等の逆問題を解くことにより、広域の電離層状態を把握する研究も報告されている[2-6), 2-7]。

１．３　電磁波観測衛星

(1)　電磁波観測衛星の概要

近年では商用も含めて数多くの衛星が宇宙空間に打ち上げられ、衛星による地球観測データの活用が盛んになってきている。特に電波センサは悪天候や夜間の撮像に制限のある光学画像に比較して常続監視の点において優位性があり、アクティブセンサとしてのSAR（Synthtic Aperture Radar：合成開口レーダ）やパッシブセンサとしての電磁波観測センサが存在する。

SARは民間の商用サービスにおいても農業やインフラのモニタリング等の分野で利用されており、国内の企業においてもコンステレーション化を目指したサービスの提供に向けた研究・開発が行われている[2-8]。またパッシブセンサである電磁波観測技術分野では、JAXA（宇宙航空研究開発機構）が気象・環境学等に役立てるため地球観測用の衛星搭載型高性能マイクロ波放射計（AMSAR：Advanced Microwave Scanning Radiometer）等において研究を実施している。なお電磁波観測技術は、違法無線局の取り締まりの他、MDAを含む警戒監視等に対して有用であり、わが国の安全保障の優位性を確保するうえで重要な技術分野である。特に電波発信源の位置標定や動静把握だけではなく、世界中の電磁波運用を収集しカタログ化・マッピングすることで、将来の電磁波領域の優越や電子戦に備えた各国の電子活動データベースを構築することが可能となる。

(2) 諸外国の電磁波観測衛星

低軌道周回衛星の多くは地球観測等の画像収集衛星や通信で利用されているが、近年ではレーダ波や通信波を含む電波情報を収集するELINT（Electronic Inteligence）衛星も数や種類が増えてきている。公式には明らかにされていないが、米国では1970年代から米海軍がNOSS（Naval Ocean Suveillans System：米海軍広域海上監視システム）を用いて、米海軍のためのELINT活動を実施しているといわれている。中国においては低軌道の情報収集衛星としてYaogan（遥感）衛星が運用されており、このYaogan衛星シリーズはELINT衛星だけではなく光学や合成開口レーダも含まれており、衛星のサイズや軌道高度もさまざまである。ELINT衛星としてのYaogan衛星はYaogan 9、16、17、20、25、32の６システム等があり、その多くは200kgクラスの衛星３基フォーメーションで１クラスタ（１ユニット）運用されている[2-9]。この衛星システムは艦隊の動静把握にも用いられ、「見通し外レーダ」の項で述べた中国本土に設置されている見通し外レーダと連携して空母打撃群に対処するシステムとして構築されているとの見方もある[2-10]。

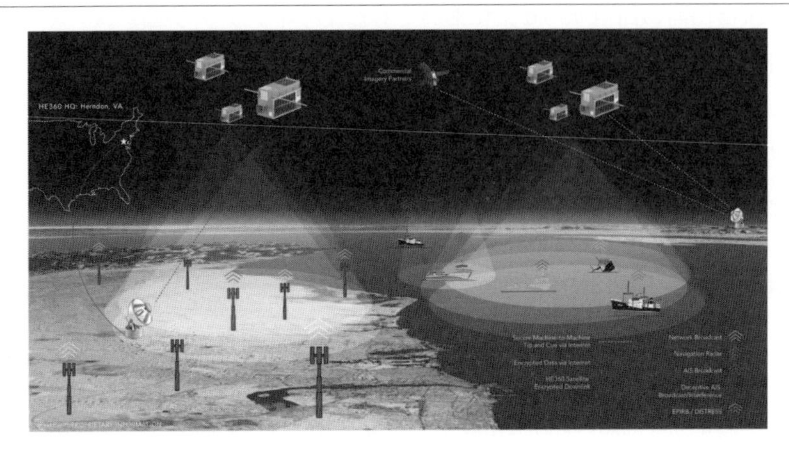

図2-8　HawkEye 360の概要[2-11)]

近年、諸外国における民間の衛星による電磁波観測サービスへの参入も興味深い。すでにサービスが開始されている代表的なものとしては、**図2-8**に示す米国のHawkEye 360があり、VHF帯からX帯の電波受信の他、AIS情報の提供サービスを行っており、衛星クラスタ数も順次増加させる計画である[2-11)]。またフランスでもUnseenLabsが電磁波取得提供サービスを行っており[2-12)]、両衛星システムとも超小型衛星で構成されている。

一方で、米国等は静止軌道上においてもMentorやMercury等の大型のアンテナを有する通信傍受や電子偵察情報収集のための衛星を運用しており、直径数十mもの巨大アンテナを有する高機能な特別大型の衛星とされているが、衛星の外観や仕様は公表されていない。これらの衛星は、前述の低軌道周回の電波情報収集衛星とは衛星設計から運用まで大きく異なっている[2-13)]。

(3)　衛星搭載広帯域電磁波観測技術

衛星において広帯域の電磁波情報を取得するためには、地上とは異なる宇宙環境（熱真空や放射線環境）において安定して動作する広帯域のアンテナや受信機、目標の位置を高精度に標定する衛星特有の軌道を利用した方探アルゴリズムのみならず、取得した膨大な電磁波情報を地上に伝送するシステムが必須となる。しかしながら、地上へのダウンリンク通信容量や時間帯には制限があり、効率的に必要なデータのみを伝送する仕組みを検討しなければならない。特に安全保障での利用となると、従来の地球観測衛星以上の即時性も求められるため、すべての電磁波観測データをそのまま地上に伝送するのでなく、軌道上の衛星オンボード処理においてデータ圧縮や間引きの加工や処理を行う必要がある。しかしながら、広域監視の利用においては監視すべき対象がその時々で異なり、衛星オンボードの処理を都度最適に変更する必要性も生じるため、軌道上で衛星内部の信号処理を変更できるSDR（Software Defined Radio：ソフトウェア無線）技術等も必須となる。

1.4　広域監視状況表示

民間企業や学術界での海洋情報に関するニーズの高まりを踏まえ、海洋状況の情報共有が可能なシステム構築においては、総合海洋政策推進事務局が中心となり海上保安庁が運用する海洋状況表示システム（海しる）の利用価値を高めるべく検討が実施されている[2-1), 2-14)]。一方で、安全保障としてのセンサ情報の利用の形態としては、**図2-9**に示すような敵性艦船を含め、さまざまな目標がどのような活動を行っているのかを示すCOP（Common Operational Picture：共通状況図）を表示できる広域警戒監視システムを構築しなければならず、短波レーダによる探知プロットや、電磁波観測衛星による位置標定、衛星SAR・光学画像、さらにAIS（Automatic Identification System：船舶自動識別装置）の各種センサ情報が有機的に統合される表示システムが必要である。特にAISは、2000年のSOLAS条約（海上における人命の安全ための国際条約）の改正により、一定の船舶への搭載が義務化されており、各種探知目標の識別にはAISが非常に有効な情報となる。このAIS情報の活用は、単純に船の諸元を明らかにするだけでなく、例えば短波レーダである船舶目標が探知表示されたにも関わらず、目標がAIS信号を発信していなければ、当該船舶は国

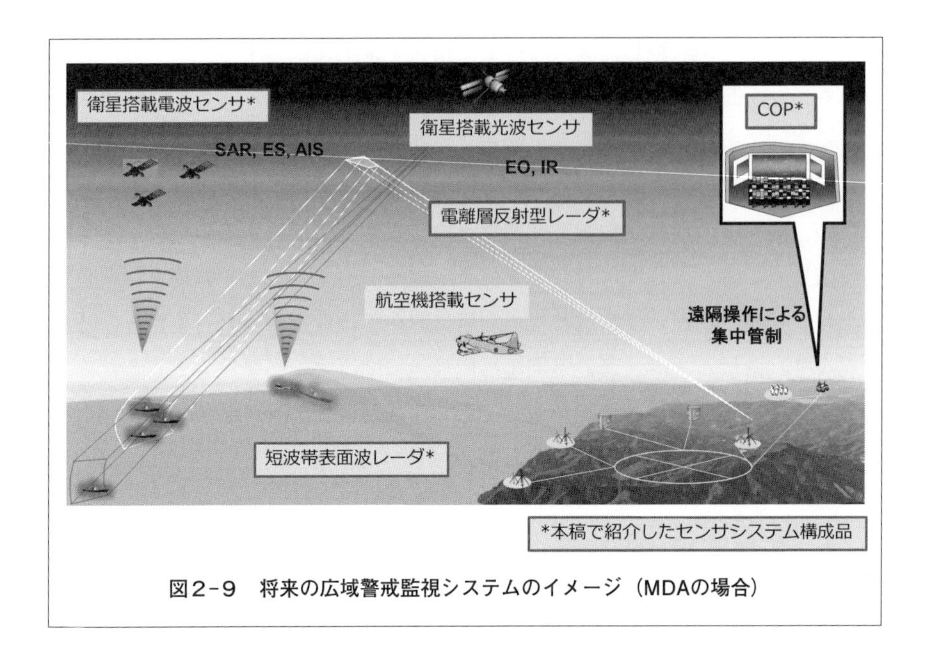

図2-9　将来の広域警戒監視システムのイメージ（MDAの場合）

際的に義務付けられているAIS信号を自らの意思で発信していない可能性があるため、密漁や密航、あるいは敵性行動等を起こす可能性のあるダークターゲットが存在している海域として監視レベルを上げ、必要に応じて哨戒機等の航空機アセットなどを投入するといった対応が可能になる。

しかしながら、異なる複数センサによる情報の統合表示は、単純に画面上にプロットを重畳表示するだけではなく、センサ間の目標の情報融合を行う必要があり、この点において技術的な課題が存在する。例えば、類似のマイクロ波レーダ間のみでの目標情報の共有を行うものとは異なり、位置標定精度や情報更新レートが大きく異なる異種センサ間の場合は、あるセンサのプロット（検出目標）が別のセンサのどのプロットに関連付くのか目標相関処理を行わなければならない。最近傍の目標同士を同一ターゲットとするようなNN（Nearest Neighbor）法を用いた単純なプロット相関では、各センサのバイアス誤差やクラッタ（誤警報）に起因する誤相関が発生するため、今後、異種センサ間での目標相関処理アルゴリズムの研究も必要となってくる。

以上で示した地上や宇宙の各種アセットを用いた広域の警戒監視システムを確立することは、敵性のある艦船や航空機に関する情報をより早く確実に入手する「情報優越」の確保であり、言うまでもなく専守防衛のわが国における安全保障にとって必要不可欠な技術である。

また、これら海洋監視のセンサ技術は防衛のみならず、船舶の航行管理や捜索救難、密漁・密輸・密航の法執行による取締り、また潮流等の海象の観測や水産資源の確保、環境保全や自然災害の監視等のデュアルユース技術としても利用可能である分野でもあることを付言しておきたい。

2. レーダ技術―デジタル・アレイアンテナ技術

2.1 防衛用レーダ

遠方から目標の存在を探知するレーダは、全天候で周囲を警戒監視する手段として発明されてから、マイクロ波技術の研究開発が精力的に進められた結果、種々の防衛用レーダシステムが実用化されてきた。レーダ技術は防衛分野や産業分野のみならず、今日では自動車の衝突防止用ミリ波レーダや対人感知センサなどの個人向けの近距離センサとしても普及しつつあり、情報を取得するセンサとしての応用の場がさらに拡がろうとしている。

本節では防衛分野における今後のフェーズド・アレイアンテナについて、技術動向を紹介する。マイクロ波技術の結晶であるアクティブ・フェーズド・アレイアンテナは、防衛用レーダシステムの重要なサブシステムとして使われてきたが、近年のデジタル技術の進展により更なる高性能化が図られようとしている。この背景について技術的な側面を中心として解説しつつ、防衛分野におけるアレイアンテナのデジタル化の展望について紹介する。

2.2 フェーズド・アレイアンテナ

(1) フェーズド・アレイアンテナの概要

フェーズド・アレイアンテナは、送受信ビームを電子的に高速に走査させることができることから、多数の目標を同時に観測することが必要な防衛用レーダシステムにおいて、最も重要な役割を担ってきた技術である。

フェーズド・アレイアンテナの原理について、最も単純な１次元のフェーズド・アレイアンテナを例として**図2-10**に示す。フェーズド・アレイアンテナは、素子アンテナと呼ばれる小さなアンテナを多数並べ、各素子アンテナから送受

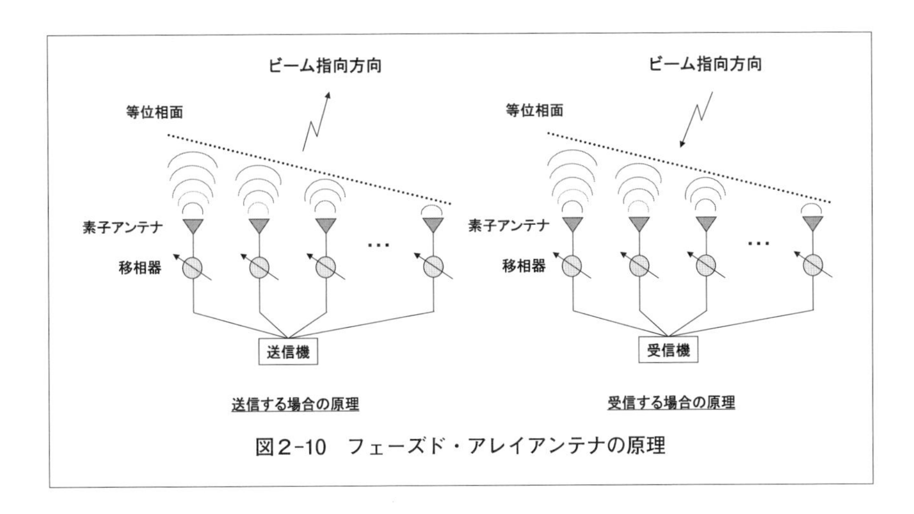

図2-10　フェーズド・アレイアンテナの原理

信される信号の位相を電子的に制御することで、送受信ビームの方向を変えるものである。受信時は、各素子アンテナからの受信信号のタイミングを位相制御することで調節してから合成することで、所望の方位からの到来波を強めて選択的に受信する。

素子アンテナを一列に並べた1次元アレイアンテナによりビームを形成した例を**図2-11**に示す。位相を調節しない場合はアレイアンテナの正面方向である角度0度方向に強いビームが形成され、正面方向に対して選択的に送受信が行われる。また図2-11では、所望の方位に応じて位相を適切に調節することで20度、40度および60度方向にビームを指向している例も示している。この形成ビームはその形状からペンシルビームとも呼ばれる。

フェーズド・アレイアンテナはマイクロ波技術とともに進化を続けてきた。フェーズド・アレイアンテナが最初に実用化されたときの構成を送受信別に**図2-12㊧**と**図2-13㊧**に示す。各素子アンテナの直後には移相器が置かれている（パッシブ素子のみが使われているのでパッシブ・フェーズド・アレイアンテナと呼ばれる）。パッシブ・フェーズド・アレイは、送受信機にアクティブ素子である増幅器を配置するため送信信号の大出力化が行いづらく、素子アンテナからの受信信号も受信機に到達するまでに減衰する問題があるが、構造が

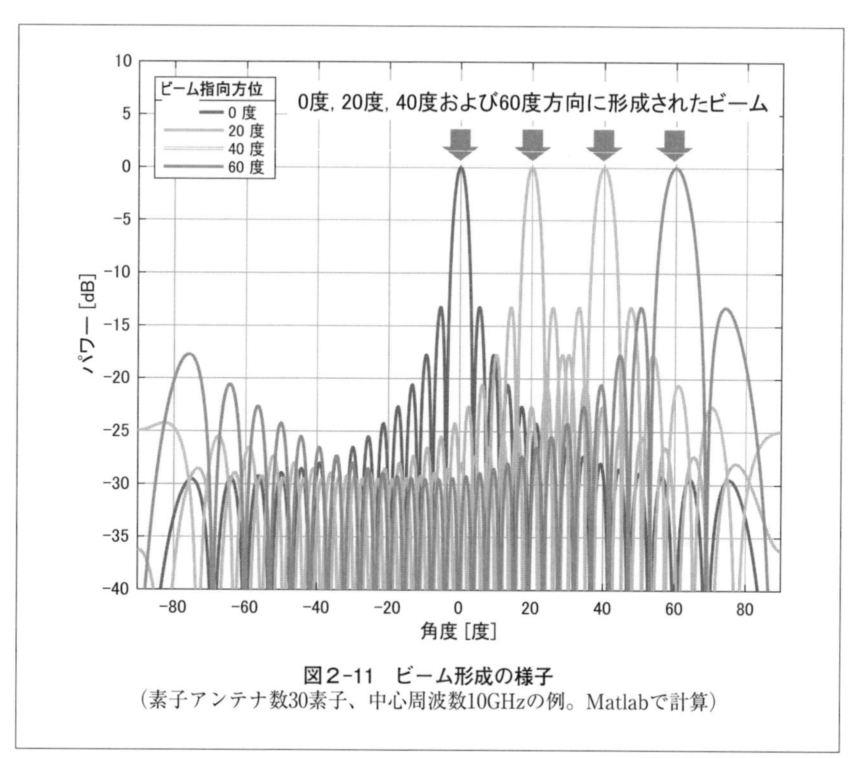

図2-11　ビーム形成の様子
（素子アンテナ数30素子、中心周波数10GHzの例。Matlabで計算）

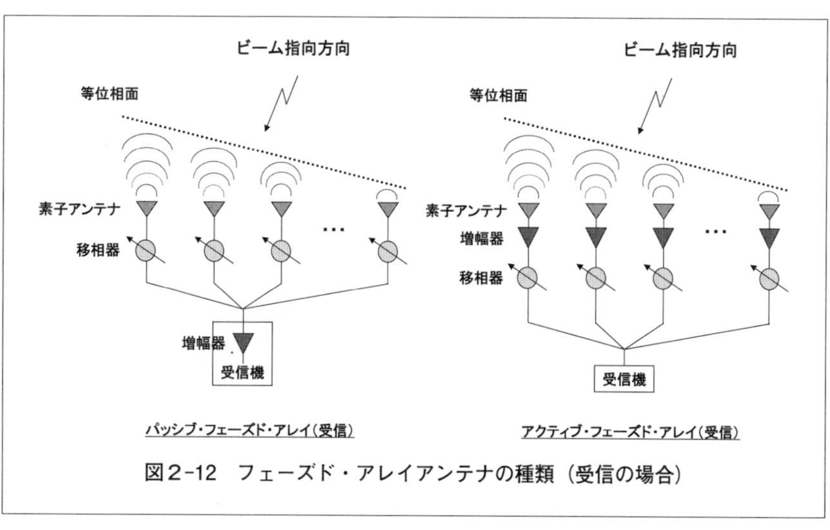

図2-12　フェーズド・アレイアンテナの種類（受信の場合）

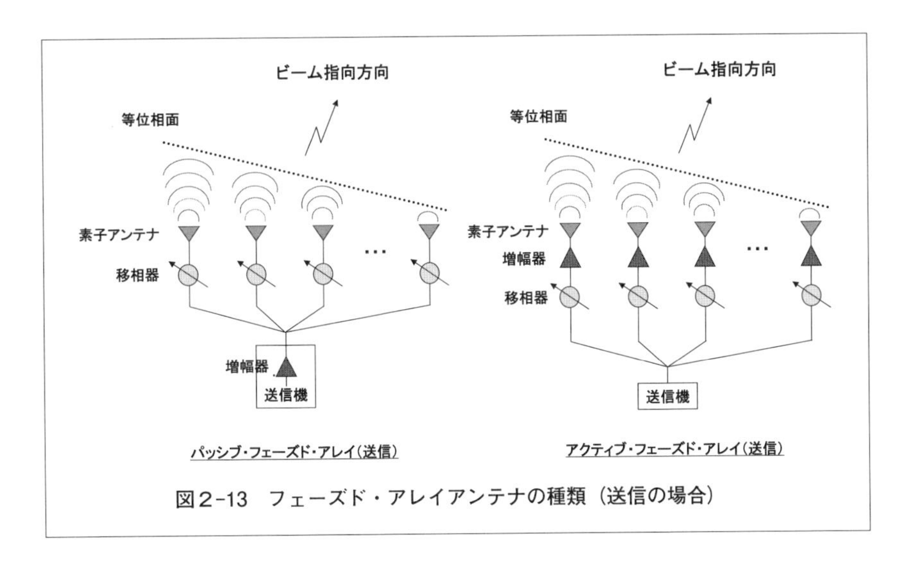

図2-13　フェーズド・アレイアンテナの種類（送信の場合）

シンプルであり現在でも一部の防衛用レーダシステムにおいて使われている。

パッシブ・フェーズド・アレイアンテナが進化する形で、移相器に加えてアクティブ素子である増幅器も素子アンテナの直後に分散配置するアクティブ・フェーズド・アレイアンテナが開発された(図2-12㊨と図2-13㊨)。パッシブ・フェーズド・アレイアンテナの欠点を克服した上、一部の増幅器が故障しても送受信機能を継続できる抗堪性をもたせることができるなどの特長がある。アクティブ・フェーズド・アレイアンテナは、最も高性能なフェーズド・アレイアンテナであり、わが国は関連技術の研究開発に継続的に取り組んできた。現在では、大多数の国産防衛用レーダシステムに適用されるに至っている。

フェーズド・アレイアンテナについては、多くの文献[2-15]で詳しく解説されている。

(2) フェーズド・アレイアンテナの今後の課題と動向

防衛用レーダは電磁波領域での戦いである電子戦に対応する必要があるため、フェーズド・アレイアンテナは広い周波数帯域において高出力の送信および高い受信利得で動作することが求められ、研究が行われてきた[2-16]。本項では今後の更なる電磁波環境への適応および運用能力の向上の観点から、能力向上が求められるフェーズド・アレイアンテナの要素として、①瞬時周波数帯域幅、②ダイナミックレンジ、③ビーム数について述べる。いずれも本稿の主題であるデジタル・アレイを実現することにより、大幅に改善されることが期待されるものである。

①瞬時周波数帯域幅

広い周波数帯域の送信波を送信すればするほど、狭いパルス幅を実現できる。狭パルス幅によって高い距離分解能で目標を観測できたり、メインローブクラッター電力をより抑圧できる（地面からの不要な反射波を時間的に区別できる）ので、一般に目標探知性能の向上につながる[2-15]。画像を取得するSAR（Synthetic Aperture Radar：合成開口レーダ）では、画像の信号対雑音比が維持される限り画像分解能は高いほど良いので、目標捜索探知用のレーダに比べかなり広い瞬時周波数帯域幅の送信波を用いることが普通である。

しかしながら移相器を用いるフェーズド・アレイアンテナでは、原理的に瞬時周波数帯域幅は制限される。

図２-11のビーム形成を１GHzの瞬時広帯域信号を用いて行った場合にビーム方位のずれが起こる例を**図２-14**に示す。０度、20度、40度および60度のビーム指向方位ごとに、中心周波数f_cおよび瞬時周波数帯域端の周波数$f_c \pm BW/2$（BWは瞬時周波数帯域幅）において形成されるビームを重ねて表示している。広角に指向させたビームほど方位がずれてビーム形成されていることが分かる。60度方向のビームでは、帯域端の周波数の信号の電力は５dB以上も損失していることが分かる。これは、移相器は各素子アンテナの信号を中心周波数f_cにおいて$\Delta\phi = 2\pi f_c \Delta t$だけ移相することにより到来時間差$\Delta t$を調整しており、中心周波数$f_c$から離れた周波数の信号は所望の指向方位から角度がずれたビームが形成されてしまうためである（ビームスクイントと呼ばれる）。ビームの方位がずれることで受信電力が低下してしまうので、瞬時周波数帯域幅に制限が生じることになる。この現象は送信の場合でも同様にして起こるので、

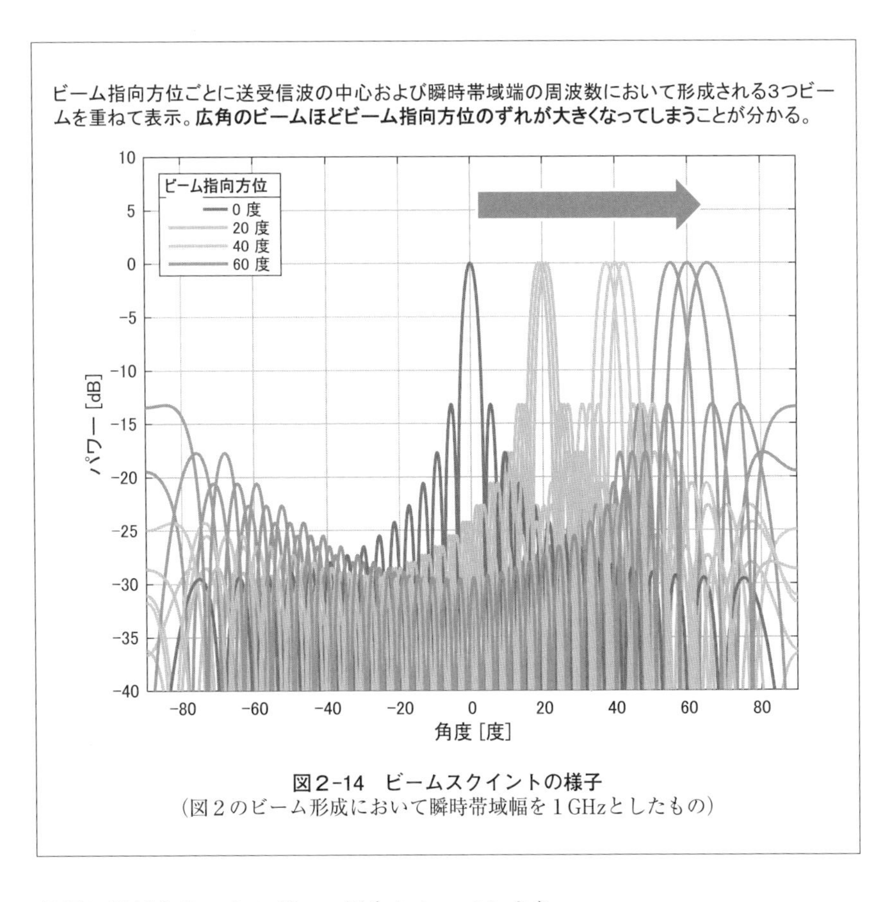

図2-14　ビームスクイントの様子
（図2のビーム形成において瞬時帯域幅を1 GHzとしたもの）

目標に照射するエネルギーの損失となってしまう。

フェーズド・アレイアンテナの有効な瞬時周波数帯域幅およびその比帯域幅は、次式により見積ることができる。文献[2-17]で導出されている式を分かりやすいように変形したものを示す。

$$\frac{\mathrm{BW}}{f_c} = \frac{\theta_{\text{ビーム幅}}}{\tan\theta_s}$$

$\theta_{\text{ビーム幅}}$はビーム幅（通常3 dBビーム幅が使われるが必ずしもそれに限らない）、θ_sはビーム指向方位である。この式から、フェーズド・アレイアンテナの比帯域幅は大まかに言って数パーセントであることが分かる。一般にビーム幅は中心周波数に反比例するので、瞬時周波数帯域幅はアレイアンテナの物理的な大きさとビーム指向方位のみで決まることも分かる。

レーダの性能向上のためアンテナのサイズを大きくして送受信電力を大きくした場合、瞬時周波数帯域幅はより制限されてしまう。“フェーズド”の接頭語が表すように、移相によりビームの指向方位を制御するので原理的に瞬時狭帯域となる。

この問題の解決策として移相器に代えて、TTD（True Time Delay：実時間遅延）素子を用いることが検討されてきた。MMIC（Monolithic Microwave Integrated Circuit：単一半導体基板上に形成したマイクロ波集積回路）化されたTTD素子は諸外国において開発されている。ただしアレイアンテナの大きさによって遅延時間が異なったり、ディレイラインによる遅延に電力損失を伴うことから移相器に比べて使い勝手が良いとはいえず、一般には現在でも移相器の使用が主流である。折衷案としてアレイアンテナをサブアレイと呼ばれる数個～数十個の部位に分割し、サブアレイ単位で移相を行いサブアレイ出力に対して実時間遅延を行う構成とされることもある。

②ダイナミックレンジ

ダイナミックレンジは、レーダシステムが受信することができる最大電力と最小電力との比である。フェーズド・アレイアンテナでは、各素子アンテナからの信号を合成してから受信機に入力されて信号がA/D変換される。レーダシステムでは一般に70dB以上のダイナミックレンジが求められるが、ハードウェア的には実現困難なので、状況によって可変増幅器により増幅利得を調整するなどして入力される受信電力の強弱に対応している。

特に強い干渉波が存在する妨害環境下においても受信系は機能を維持できる必要があり、このためにも広いダイナミックレンジの確保は重要である。さらにはステルス目標からの反射波は非常に小さいことを考えると、ダイナミックレンジは過酷な環境において微小な目標反射信号を受信する防衛用レーダシステムにおいて重要な性能指標の一つであり、広ければ広いほど良いといえる。

また自らは電波を放射せずに広帯域にわたって電波を受信するパッシブセンシングを行う場合はさまざまな周波数の信号が入射することになるので、このためにも努めて広いダイナミックレンジが望まれる。

③ビーム数

フェーズド・アレイアンテナは、１本のビームを高速に走査することで多数目標を捜索追尾する能力を実現したことを前述したが、今後の防衛用レーダには目標数が多数にわたる飽和攻撃やスウォーム攻撃への対処能力を十分に確保するため、さらなる同時目標対処能力の向上が求められている。特に先進国の艦艇用レーダにおいて、アレイアンテナをサブアレイに分割し複数のビームを用いることで同時目標対処能力の向上を図っている例が増えており、次項で説明するDBF（Digital Beam Forming：デジタルビーム形成）を行うフェーズド・アレイアンテナとデジタルビーム形成のハイブリッド構成も見られる[2-18]。

前項で触れたパッシブセンシングを行う場合も幅広い覆域に対して多数のビームを形成し、隙のない警戒監視を行うためにもビーム数の増加が求められる。他方で、フェーズド・アレイアンテナのように信号合成をアナログのハードウェアで行うことで大幅にビーム数を増やすのは装置規模が大きくなりすぎるという問題がある。

これらの課題を克服するものとして期待されるのが、次項で説明するアレイアンテナのデジタル化である。

2.3　デジタル・アレイアンテナ

アクティブ・フェーズド・アレイアンテナではアクティブ素子である増幅器を素子アンテナの直後に分散配置することでアレイアンテナの高性能化が図られたが、さらにデジタル部位を分散配置することも検討されてきた[2-19]。このデジタル・アレイアンテナの構成を**図2-15**に示す。実現のためにはハードウェ

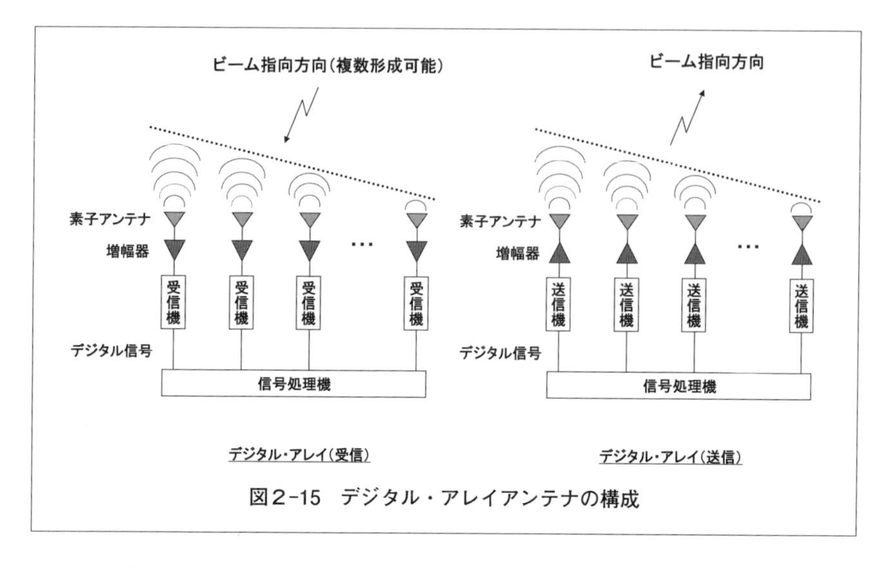

図2-15　デジタル・アレイアンテナの構成

アの小型化などの課題があるが、防衛用レーダの機能性能に大きな向上をもたらすものとして期待されている。

(1) デジタル・アレイ（受信）

受信を行うデジタル・アレイアンテナの構成を図2-15㊧に示す。周波数変換やA/D変換を行う受信機を分散配置させることで、素子アンテナの受信信号を直接デジタル処理する。この構成では前項で説明したフェーズド・アレイアンテナに比べ、瞬時周波数帯域幅およびダイナミックレンジの両方の性能向上が実現できる。

物理的な移相器やTTD素子に代えて、周波数領域でのデジタル移相処理やデジタルフィルタによる端数時間遅延処理などによりデジタル信号として実時間遅延処理を行うことで、瞬時広帯域信号の受信を行うことができる。リアルタイム処理が必要となるもののキャリブレーションも含め、デジタル処理の方が時間精度を確保しやすいことが期待できる。

ダイナミックレンジに関してはデジタル・アレイアンテナでは素子アンテナからの信号の合成をデジタルで行うため、N個の素子アンテナからの信号を合成してからA/D変換するフェーズド・アレイアンテナに比べて、N倍改善されたダイナミックレンジのレーダシステムとなる[2-20]。さらにはA/D変換においてオーバーサンプリングを行うことでダイナミックレンジが拡がる効果もある。ダイナミックレンジの確保は難しい課題の一つであり、これによる防衛用レーダの性能向上が大いに期待される。

デジタル信号処理に関しては、ビーム形成をデジタル演算で行うことはDBFと呼ばれ、そのメリットは以前から認識されていた[2-20]。素子アンテナからの信号合成をデジタル信号処理により行うことで、同時に複数の受信ビーム（マルチビーム）を形成できることは良く知られている。またアダプティブ・ビームフォーミングやSTAP（Space-Time Adaptive Processing：時空間適応処理）といった適応信号処理[2-21]を行うことで、干渉波の抑圧や高精度な測角を実現することも研究されてきた。

デジタル・アレイアンテナでは、必要に応じて多段に配置したFPGA（Field-Programmable Gate Array：用途に応じて書き換え可能な論理回路）やSoC（System on a Chip：一つの半導体に多くの機能を実装したチップ）を用いることで大量のデータのデジタル信号処理を実現する。ハードウェアで処理可能なデータ量としてチャンネル数（もしくはビーム数）・帯域幅積が指標として用いられ、動作によってビーム数や帯域幅を増減させてデータ処理量を一定に抑えつつ所望の動作を実現する。

これまで防衛用レーダにおいてはハードウェアの実現性から、SWaP（Size, Weight and Power：サイズ、重量および電力を略した呼称）の制約が比較的緩和できる艦艇用レーダなどで十数からなるサブアレイ単位でのDBFや1次元方向のみの部分的なDBF処理の適用が行われてきた。2次元アレイアンテナとしてエレメントレベルのデジタル・アレイアンテナが適用された宇宙監視用レーダシステムが実現されており[2-18]、今後は高い性能が求められ、SWaPの制約をクリアできるレーダシステムから適用されていくと予想される。

(2) デジタル・アレイ（送信）

デジタル・アレイアンテナにおいては受信だけでなく、送信もいずれはデジタル化することが期待されている。その構成を図２-15㊨に示す。D/A変換を行う送信機を小型化した上で分散配置するものである。これにより、送信波に高度な変調を適用したり、使用帯域を調整することで有限な周波数資源を有効に活用するほか、送信のビーム形状を環境に応じて変化させることで刻々と変化する電磁波環境に適応することが期待されている。

またデジタル・アレイアンテナを用いて通信を行う場合は、MIMO（Multi-Input Multi-Output：多入力多出力）技術による大容量通信も期待できる。

インテリジェントな送受信動作を行うレーダシステムの概念は“Cognitive radar”（認知レーダ）と名付けられて提案されてきた[2-22]。これまではかなり将来の技術といった認識であったが、デジタル・アレイアンテナが実現されればハードウェア的な基盤が整うことでレーダシステムへのインテリジェントな動作の実装が具体化していくことも予想される。

さらには、センサへのAI（Artificial Intelligence：人工知能）やビッグデータの活用の面でもデジタル・アレイアンテナは有効であり、電波センサにおける技術的優越を確保する上で不可欠な基盤技術となるはずである。

デジタル・アレイアンテナ技術は高い機能性能が求められる防衛用レーダにおいて、必要不可欠な技術として活用が拡がっていく技術である。厳しい電磁波環境に対する適応や自らは電波を放射せずに広帯域にわたって電波を受信するパッシブセンシングなど、電波センサに大幅な能力の付与を行っていくためにわが国において確保すべき技術であると考えている。

以上を踏まえ、防衛装備庁では、令和３年度から英国との間で「次世代RFセンサシステムの技術実証」に係る共同研究を開始している[2-23]。

本共同研究は、航空機搭載用レーダシステムにデジタル・アレイアンテナ技術を適用することで多数の受信ビームを同時に形成し、広範囲を瞬時に警戒するための空中線サブシステムの実現を目指すものである（**図２-16**）。このよ

図2-16 「次世代RFセンサシステムの技術実証」に係る共同研究構想図
（防衛装備庁公式ツイッターから引用）

うな航空機搭載用レーダシステム技術は他国でも実用例がないことから、英国と共同で早期の実用化を目指して研究を進める予定である。

3．光波センサ技術

3.1　防衛用光波センサ

現代の我々の生活の中では、あらゆるところにセンサが利用され生活に利便性をもたらしている。より遠方から、より詳細な情報を得るためにセンサの開発は続けられ、身の回りの見えないところにまでセンサは使用されている。その性能や用途、コストは多種多様であるが、高い性能をもつセンサは防衛分野でも広く用いられている。防衛が果たすべき役割として、わが国周辺において広域にわたる常時継続的な情報収集・警戒監視・偵察（ISR）活動[2-24)]が挙げられ、その中でセンサは重要な役割を果たすものであり、その性能の高低は防衛力に大きく影響する。

防衛分野で用いられるセンサとしては電磁波、磁気、音響等を利用する方式が代表的であるが、本節で紹介する光波センサは電磁波の一部である光波と呼ばれる領域の電磁波を検知するセンサである。防衛分野で主役となる光波センサは、カメラ画像のように多画素化された光波検知素子アレイから得られた画像情報を提供する。一般的に防衛分野では光波センサから得た画像情報等は目標認識・識別に用いられることが多く、目標から受信した信号を画像化するようなパッシブ光波センサと、装置側から目標にレーザ光等を照射して反射光を画像化するようなアクティブ光波センサが用いられる。その用途は警戒監視、偵察カメラに留まらず、ターゲティングポッド、ミサイル警戒装置やミサイルの画像誘導装置にまで及ぶ。

近年ではドローンに代表される無人機が軍事用途で広く投入されるようになっており[2-25)]、ロシアによるウクライナ侵攻においても小型ドローンに光波センサが搭載され、情報収集、偵察や監視等に用いられているのは周知のことである。民生からの転用を含めて各国ともその研究開発に力を入れている。

本節では防衛分野に用いられる光波センサについて基本的な紹介を行うとともに、次世代装備研究所で研究・開発を行ってきた光波センサ技術を中心に、パッシブ光波技術とアクティブ光波技術に分けて紹介する。

3.2 光波センサの概要

光波センサと呼ばれる装置は、物体から放射された、あるいは反射された光波を検知器で検出し、それを電気信号に変え、目的に応じた適切な信号処理を行い、画像や数値などの情報を出力する装置である。光波は波長10nm～400nmの紫外線、波長400nm～750nmの可視光、750nm(0.75 μm)～2.5 μmの近赤外線、2.5 μm～6 μmの中赤外線、6 μm～20 μmの遠赤外線に分かれる。防衛・軍事用途では光波センサのほとんどが遠方からの光波の検知を目的としているが、大気中で用いられる場合、光波は大気中の粒子により散乱され、また主にH_2OやCO_2分子などによって吸収されるため、利用できる波長帯は限られてしまう。

このため防衛・軍事用途で多く用いられている領域は**図2-17**[2-26]に示すような大気の窓と呼ばれる大気透過率の高い波長範囲となる。紫外線は波長が短

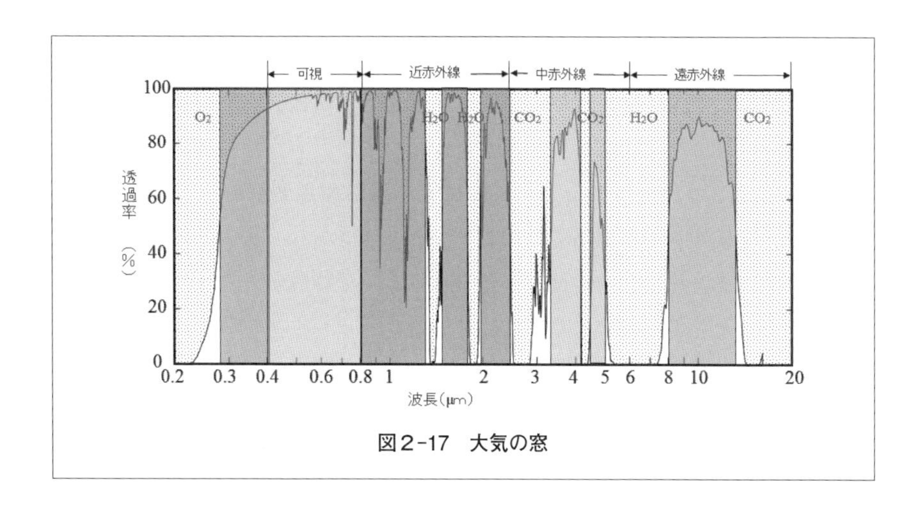

図2-17　大気の窓

く（＝周波数が高い）、自ら紫外線を発することができるのは非常に高温の物体に限られること、また大気による散乱が大きく、到達距離が短くなってしまうことから応用範囲が限られ、ソーラーブラインド領域を対象とするミサイル警戒装置のようなロケットプルーム等の検知が主となっている。

可視光領域は文字通り人間の眼で見える領域の光であり、民生分野でもデジタルカメラ等で広く用いられていて、需要の高さから製品の研究開発が盛んに行われている。防衛分野としては直接認識できるイメージが得られることから、警戒監視や偵察任務に主に用いられる。近赤外線は人間の眼で見えない領域であり、植物の反射率が高く、人工物とのコントラストが大きくなることや月明かり等による反射光がこの波長帯で大きくなることから、微光暗視装置やターゲティング等の目標を認識する用途に用いられている。

中赤外線、遠赤外線の光は目標から放射される熱による熱画像として用いられ、中赤外線は500～1,000K程度にピークをもつような航空機エンジンやロケットプルームのような高温の物体の検知、一方、遠赤外領域は常温付近にピークをもつような人員や地上車両などの比較的低温の物体の検知に適している。

また波長帯のほかにも、光波センサは自ら光を出さずにセンサに入射した光だけを利用するパッシブ光波センサと、自ら光を発し、その反射光を利用するアクティブ光波センサに大別される。パッシブ光波センサは自ら光を出さないことから隠密性が高まるため、光学サイトなどの偵察装置や警戒・監視用途に用いられることが多い。また原則として光を送信する装置が不要であるため、アクティブ光波センサと比べて小型軽量化しやすいという特長を有する。アクティブ光波センサはセンサシステム内に光を送信する装置を有し、送信した光の反射光を検知して目標情報を得る光波センサであり、単体で距離情報などパッシブ光波センサにはない情報が得られるという特徴がある。

代表的な例として民間でも利用されているレーザレーダが挙げられる。他にも防衛・軍事用途としてはターゲティングポッド[2-27]、レーザ測距、近赤外光をイルミネータとした監視装置などが挙げられる。アクティブ光波センサはパッシブ光波センサと比べて高い信号対雑音比（S/N比）を確保することで、目標距離、形状、速度、振動、またガス濃度等の多様な情報の収集が可能となるが、その反面、送信装置を必要とするため、装備品としては小型軽量化やコスト面が課題となりやすい。

このように防衛分野で用いる場合は、遠方の目標からの減衰した受信光をいかにS/N比を高く検知できるかが重要となるため、それぞれの用途や大気透過特性に合った高感度、低雑音、多画素化等が光波センサに求められる。そのほか、各種装備への搭載のため、小型、軽量、低消費電力、低価格なセンサが求められており、各国で精力的に研究開発が進められている。

3.3 パッシブ光波技術

(1) センサ性能

前述のとおり、パッシブセンサは光源を必要としないため、隠密性に優れ、偵察監視用センサとしては必須であり、高い性能、具体的には高感度で広視野であることが求められる。

パッシブセンサは、被写体からの光を受け、結像させる光学系（光学窓、レンズもしくは鏡）と結像した光を電気信号に変える受光素子（検知器）、その信号を読み出すための回路、それらをデジタル画像として形成させる信号処理系、最終的に人間の視覚に情報を与えるディスプレイなどの表示系で構成される（図2-18）。

図2-18　パッシブセンサ（カメラ）の構成

防衛用センサとして周囲状況を把握し

つつ、目標を探知・識別するためには、高感度で広視野かつ高分解能なセンサが理想的である。

前者は、明暗の差異が大きいほど良く、それはコントラストや信号対雑音比（S/N比）で表現される。例えば、あるシーンの中からある目標を見つけたい場合、目標の信号と目標以外の信号（雑音）との差異を大きくとらえることができれば、目標を見つけやすいことになるため、S/N比が大きいことがセンサの高感度性能を示す指標の一つとなっている。センサ側のS/N比を大きくするためには、受光素子に入射するまでに光の損失度合を示す光学系の透過率、受光素子に入射後、その光を電気信号に変える変換効率である量子効率など(非冷却赤外線センサの場合は熱を電気信号に変える際の抵抗温度係数など)、それらの値を上げることで、信号Sを大きくでき、かつ雑音Nを小さくすることでS/N比を大きくできる。Nを小さくするためには、光学系内の迷光などの低減、受光素子の暗電流（ノイズ）の低減、読出回路のノイズの低減などが行われる。

後者の広視野については、広視野な光学系で広い範囲から集光できたとしても、受光素子の素子数（以下、「画素数」という）が受光素子面積に対して少ないと分解能（解像度）が低く（悪く）なってしまう。分解能もセンサにとって重要であり、分解能が低いと識別距離が短くなってしまう。分解能を上げつつも、広視野を実現するには、フットプリント（受光素子面積）での画素数を増やさなければならず、そのためには必然的に一つの画素のサイズ（ピッチ）を小さくしなければならない。画素数の増加とともに画素サイズ縮小化に各国が勤しむ理由となっている。

防衛分野では紫外線から赤外線までの幅広い波長において、それぞれの用途に応じた光波センサが利用されている。防衛装備庁ではその前身の防衛省技術研究本部から自衛隊の装備品に活用可能な光波センサ技術に対して、赤外線センサを中心に間断なく研究開発を実施してきている（**図2-19**）。

次項では、赤外線光学系と防衛装備庁で主に研究開発されてきた赤外線受光素子について紹介していく。

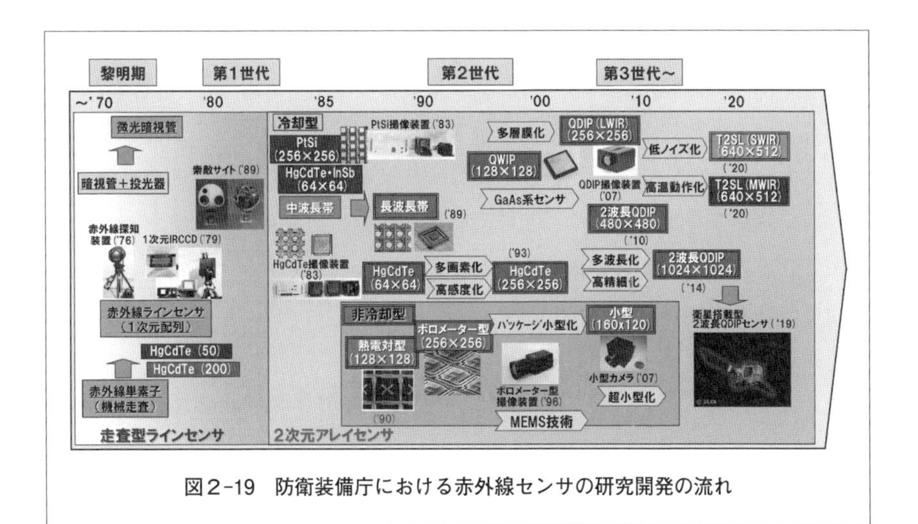

図2-19　防衛装備庁における赤外線センサの研究開発の流れ

(2)　センサ構成要素の状況

①　赤外線光学系

前節の「光波センサの概要」で述べたとおり、宇宙空間を除く防衛分野で使用される波長帯は大気の窓の部分である。目標の特性や天候などの環境によって、各波長帯の優劣が場面によって異なるため、運用によって波長帯の異なるセンサを使い分けることが必要となる。その結果、これまではそれぞれの各波長帯に適合した高い透過率を有する材料を用いた光学系、つまり波長帯毎にセンサの窓等が必要となり、マルチバンドのセンサのサイズは必然的に大きいものとなっていた。従って、これらの波長帯を一つのセンサでカバーすることができれば、運用の幅や自由度を拡げることが可能となる。

最近では、防衛装備庁の安全保障技術研究推進制度によって、可視光から遠赤外線までを透過する新材料カルコハライドガラスの作製に成功した事例[2-28]やセラミック材料を用い、組織のナノ化及びナノ複合化を通じて、赤外透過特性と高強度を両立する材料の創製について研究した事例[2-29]が生まれている。前者は、プレス成形による加工も可能であり、安価で高感度なマルチバンドセンサ用の光学系として有用と考えられる。後者は、環境が過酷な航空機搭載用のセンサウィンドウとして将来期待できると考えられる。また初の試みでもあるSiGeを用いた撮像光学系用の屈折率分布レンズに関する研究[2-30]も行われた。

これらは、各波長帯に応じた光学系を用意する手間やコストに加え、サイズも低減することが期待でき、さまざまなプラットフォームへの展開が可能となる。高い透過率を実現させることで高感度も維持したマルチバンドセンサを可能とさせる。特に屈折率分布レンズは、通常レンズより少ない枚数での広視野化の可能性も生じる。

② 赤外線受光素子（検知器）

受光素子には入射した赤外線を熱に変換する赤外線吸収膜を通じて物理的に熱を感知する非冷却赤外線センサのボロメータ（酸化バナジウム）やSOI（Silicon On Insulator）ダイオードもあるが、ここでは防衛用として高感度な冷却型（量子型）に言及する。

センサの研究開発の流れは、高感度化、多画素化（画素縮小化）にマルチバンド（複数波長）化が加わる。防衛装備庁（当時：防衛省技術研究本部）ではQDIP（Quantum Dot Infrared Photodetector）の開発が行われ、そこでは、中赤外線と遠赤外線の受光層をサンドイッチ状に重ねることで、受光層に垂直に入射する赤外線を同時に同画角で受光する、いわゆる「２波長１素子」が実現され、当該技術が確立した（**図２-20**）。２波長１素子と前号の広帯域光学系（当時はカルコゲナイドガラスを採用）の組み合わせにより、従来では中赤外線センサと遠赤外線センサの二つのセンサを必要とする波長帯を一つのセンサでカバーできることになった。この成果は、衛星搭載センサに適用された[2-31]。２波長１素子技術はタイプⅠ超格子であるQDIPから、さらに高感度が望めるT2SL（TypeⅡSuper Lattice：タイプⅡ超格子）に継承され、現在、研究開発を進めている。

タイプⅡ超格子[2-32]は、２種類の化合物半導体薄膜を基板上に交互に積層した構造であり、この薄膜に使用する材料の組成・層厚を変化させることにより検知できる波長帯を変えることができる。タイプⅡ超格子によるバンドギャップは主に膜厚を制御することにより、中赤外線域から遠赤外線域までの広い範

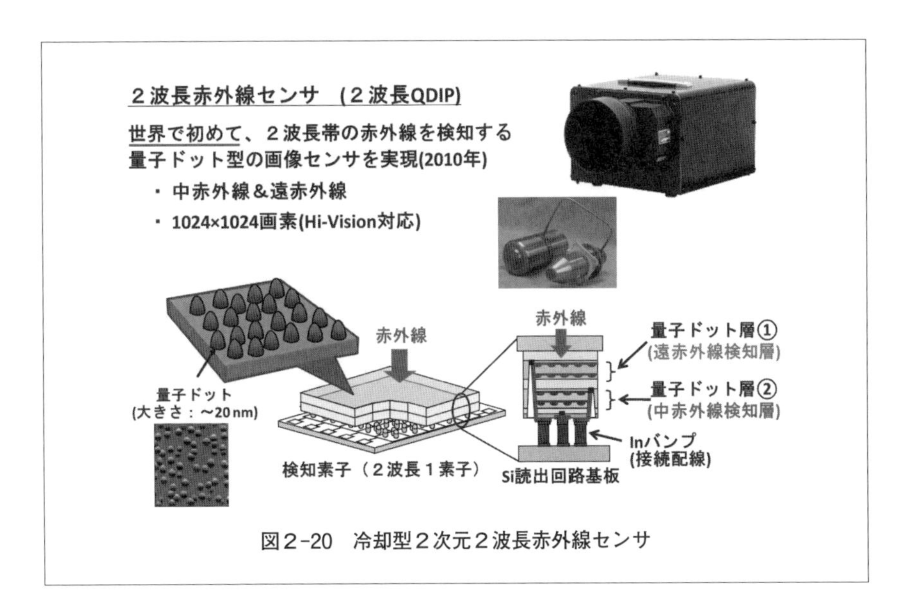

図2-20　冷却型２次元２波長赤外線センサ

囲でカットオフ波長を設定できる。そのため、均一化が難しい水銀組成によりカットオフ波長を設定する従来の受光素子材料である水銀・カドミウム・テルル化合物（MCT：Mercury Cadmium Telluride）に比べ波長制御が容易であり、加えてⅢ-Ⅴ族材料は化学的に安定で製造性に優れることから、低コスト化・多波長化にも優位となる。更に水銀の使用が規制される水銀条約の観点からも、MCTの代替となる技術として国内外で注目されている。

一方、２波長１素子（中赤外線および遠赤外線）のT2SLの研究開発に先立ち、個別のT2SLを用いた近赤外線センサと中赤外線センサの研究を行っており、2020年には640×512画素（15μmピッチ）の検知器を完成させている。このうち近赤外線センサは、夜間において、上層大気の発する夜光（ナイトグロウ）による近赤外光を利用することで、月齢による視認性への影響が大きい微光暗視装置よりも安定した画像が得られるため、従来の暗視センサの代替候補として有望視されている。

研究試作したセンサの近赤外線検知素子は、InP基板上に成長したInGaAs/GaAsSb超格子を吸収層としたp-i-n型フォトダイオード構造となっている（**図**

2-21)。この構造により、通常のInGaAs半導体による吸収に加え、超格子構造による二つの層間の遷移利用により、カットオフ波長を2.2 μmまで延伸している。

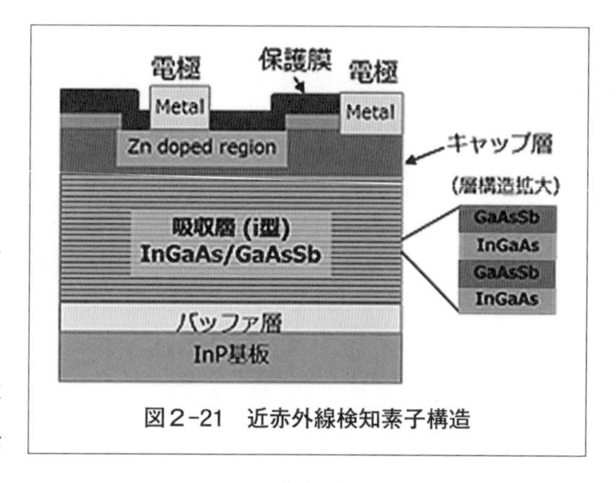

図2-21　近赤外線検知素子構造

近赤外線検知器は微弱なナイトグロウ光を検知する必要があるため、読出しノイズが小さいCTIA(Capacitive Trans-Impedance Amplifier)方式を採用し実装した。

中赤外線検知素子はInAs/GaSbを数ml（モノレイヤー）単位で積層した超格子構造となっている。InP基板とInAs/GaSb超格子は格子整合していないため、厚さが4～5 μmのGaSbバッファ層を設け、暗電流を低減するためのバリア（障壁）層を挿入した素子構造を用いている。本研究ではp-T2SL層側に電子障壁層とn-T2SL層側に正孔障壁層を設けたpBiBn構造を採用している(**図2-22**)。このバリア構造によって暗電流の低減が可能となり、従来よりも高い100Kでの動作が可能となっている[2-33]。

現在、上記のセンサの性能確認試験として、各種場面での撮像を行い、データを取得している。**図2-23**は、新月時に森林内の人物を撮影した画像であるが、草木の繁茂状況も分かり、ナイトグロウの効果が見て取れる。また近赤外線センサとして多く用いられるInGaAs素子では、検知波長が短いため熱放射の検知が難しいものの、試作品の近赤外線センサは2.2 μm付近までの波長を検知できるため、人の熱放射を微かに検知できている[2-33]。

以上と併せ、中赤外線と遠赤外線2波長1素子T2SLの研究開発を経ることにより、赤外線センサは国産のT2SLで近赤外線から遠赤外線までカバーできることとなる。なお近赤外線センサについては、個人装備には圧倒的な小型化(非冷却化）が必須のため、検知波長帯は限られるもののInGaAsについても検討する価値がある。

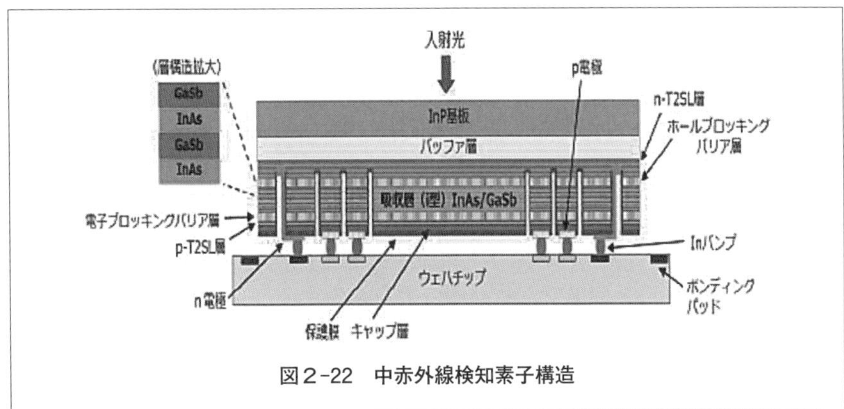

図２-22　中赤外線検知素子構造

(3)　今後について

防衛分野におけるセンサ性能が日夜追究され続けている中で、さらなる将来に向けて性能向上が期待できる新しいセンサの研究開発の種も見出していかなければならない。まさに、それにはリスクがあるため、防衛装備庁の安全保障技術研究推進制度が活用されている。2018年から５年間計画で実施されているグラフェンに関する研究[2-34), 2-35)]がその例である。この他、多画素（大口径化）に向けた基板製造技術や冷却型における冷却器の小型化・静粛化技術などの進展も今後のセンサ性能の向上に大きく貢献しうるものと思われる。

図２-23　森林内の人物の撮影画像
（上：超高感度可視カメラ　左下：中赤外線（研究試作品）　右下：近赤外線（研究試作品））

また光波センサの撮像特性は天候、季節、時間帯によって大きく変わるため、それぞれの運用場面を想定し、今後も継続してデータを蓄積・分析し、特性把握に努めていく必要がある。その上で、運用場面に応じたセンサ形態の最善な提供が実現できるものと考える。

3.4　アクティブ光波技術

レーザ光などの光を照射してその受信光から目標情報を遠隔的に探知するアクティブ探知は、目標からの放射を観測するパッシブ方式に比べて高い信号対雑音比（S/N比）を確保できること、また送信タイミングを装置内で共有して目標の距離情報を得ることができるという特長を有する。さらに、レーザ光特有の狭ビーム性、単色性、可干渉性等を活かして民間でもさまざまな分野へ応用がなされており、防衛・軍事分野においても研究開発が活発に進められている。近年、米国を中心として、自律型の無人機・無人車両等プラットフォームを利用したアクティブ光波探知技術に関する研究開発が活発化している。従来アクティブ光波装置では波長1.064 μmで発振するNd：YAGレーザが広く諸外国でも装備に用いられてきたが、この波長帯のレーザは眼に入射した場合の障害発生閾値が低く、訓練等の使用においても支障が生じるため、近年は眼に対する安全性の高い波長帯（アイセーフ波長帯）である1.5～2 μm帯のレーザ光源の採用が活発化している。

以下、防衛・軍事分野での代表的なアクティブ光波技術について紹介する。

(1)　光学サイトでのアクティブ光波技術

防衛・軍事用途で広く用いられているアクティブ光波センサの代表例は、可視カメラやFLIR（Forward Looking Infra-Red）などが搭載された光学サイトのようなパッシブ光波装置にレーザ装置を組み込んだシステムであり、歩兵用、車載用、ヘリ搭載用、固定翼機搭載用等が開発され装備化されている。このシステムは索敵等を目的とした光学サイトにレーザ測距器を組み込むことで撮像した目標までの距離を計測でき、代表例としては米陸軍で用いられているLRAS 3が挙げられる。日本においても現有する戦車はレーザ測距器を装備している。またレーザをターゲティングポッドの照準器として用いることで爆弾や誘導弾を目標に誘導するセミアクティブレーザ誘導（SALH）方式はその命中精度の高さから各国で用いられており、代表例としてAN/AAQ-33（スナイパー）が挙げられる[2-27]。

このほか民間のセキュリティ分野においても、夜間監視カメラに近赤外光を照射する機構を加えることで、より遠方まで監視を可能とする装置が広く利用されている。

(2) レーザレーダを用いた探知識別技術

レーザレーダはその多用途性や光波センサ技術の発展に伴い、民間においては測量もしくは車両の前方警戒や自動運転用途として国内外で研究開発が進んでいる。近年の半導体レーザに代表される高出力のレーザの小型軽量低電力化や高出力化、検知素子の多画素化と高感度化、MEMS（Micro Electro Mechanical Systems）技術による小型軽量光学系技術の進展等により、各種ビークルへ搭載できるレーザレーダが開発されてきている。特に乗用車の自動運転や衝突防止機能のためにレーザレーダを採用するメーカーが増加し、世界的に車両搭載用の小型軽量なレーザレーダの開発が行われており、レーザレーダ技術は民生分野で著しく進展している。

一般的に、レーザレーダは装置からレーザ光を目標に射出し、その反射光を信号処理して目標情報を得る装置であるが、特にレーザ光を走査し、3次元情報を得る画像レーザレーダが広く用いられている。レーザ光の走査は2次元走査が主流であったが、近年、アレイセンサの性能が劇的に高まったことから、ファンビーム（扇状の細長いレーザビーム）を形成、走査して1次元アレイ検知器で受信する1次元走査型や特に広画角に広げたレーザ光を射出し、反射光を2次元アレイ検知器で受信する無走査のレーザレーダ（フラッシュ型と呼ばれる）装置が広く開発されている。走査型のレーザレーダはレーザ照射するエリアを限定できるため、より遠方の目標に対しても検知できる特徴を持ち実績のある方式であるが、走査機構を含むためフラッシュ型と比較して大型化することが難点で、主に測量用途で用いられることが多い。一方、フラッシュ型のレーザレーダは各素子への入射量が走査型と比較して弱くなるため検知距離が短くなる傾向があるものの、広範囲を瞬時に計測できることから搭載ビークルの移動による補正は不要となり、なおかつ走査機構が不要となることから小型軽量化が可能である利点を有する。この特徴から一般の乗用車に搭載するレーザレーダに用いられることが多い。レーザレーダの方式としては一般に広く用いられている目標までの距離情報を得るToF（Time of Flight）方式や目標の移動によるレーザ光のドップラーシフトを利用したドップラーライダー、目標の散乱や吸収を利用したライダーなどが存在し、ドップラーライダーは風向風速を計測するライダーとして、散乱や吸収を利用したライダーは大気計測や後述する化学・生物剤検知に用いられている。

防衛・軍事用途においても、民間と同様のレーザレーダが導入されているが、特に重要な役割を果たすのは探知識別用途での使用である。肉眼や可視・赤外線偵察用光学センサでは発見しづらいような状況の目標でも発見できるようなレーザレーダ装置が開発されている。米国の研究所が進めている研究では野外において木々の間にあって視認困難な車両に対してレーザレーダを用いて検出できた事例がある[2-36]。この事例はレーザレーダから得られた３次元情報から目標を探知する方式であるが、ドップラーライダー方式を用いて隠れた目標の振動を検知し、目標の探知や識別を行う研究も行われている。

また、より簡易的な形で距離画像を得ることが可能なレンジゲートイメージングと呼ばれるアクティブ光波センサが研究されている。これはレーザレーダと同様に送信レーザを射出後、目標近辺の距離からの反射光だけを時間を区切って取得し、それ以外の距離のデータを取得しないことで背景の影響をなくす方式である。より小型軽量化が期待できることから各国で研究されており、防衛装備庁の研究開発でも採用されている。**図2-24**に成果の一例[2-37]を示す。

他にも視認が困難となる目標として、回転翼機などが低空を飛行する上で危険性のある電線などの線状障害物、浅深度潜航する潜水艦、敷設された機雷などがある。電線などの線状障害物の検知については防衛装備庁（当時：防衛庁技術研究本部）においてもアイセーフ波長帯のレーザを用いて研究成果を得て

図2-24　レンジゲートイメージングの例
（上：ポッドを搭載した標的機　左下：標的機のパッシブ画像　右下：標的機のレンジゲートイメージング画像）

いる。**図2-25**に成果の一例を示す[2-26]。

障害物を回避するような用途のレーザレーダは匍匐（ほふく）飛行するような回転翼機に必要な技術であるのみならず、無人機分野の進展とも関連して、安全航行システムや離発着支援システムの一部として開発が進むと思われる。潜航する潜水艦や敷設された機雷のような水中にある目標は大気中や地上で用いられている光波や電波の観測手段では発見が非常に困難であるが、その探知手段の一つとして海水に対して比較的透過率の高い青色～緑色の波長帯のレーザを用いたレーザレーダが各国で研究されている。水中は水による減衰が非常に大きいため、通常のレーザレーダのような直接検波方式だけでなく、近年はコード変調されたパルス信号を送受信し、送信信号波形と相関のある周波数成分を抽出することでS/N比を上げるコード変調レーザレーダ方式が研究されている[2-38]。

図2-25　線状障害物回避用レーザレーダの例

このような水中で用いられるレーザレーダは防衛・軍事用途以外でも開発されている[2-39]。

この他にも防衛用途として近年注目されているのが脅威となる偵察や攻撃ドローンの探知である。現在のドローン探知はドローン操縦用の通信の探知や、マイクロ波レーダを用いた探知システムが実用化されているが、探知距離の点や探知困難な状況もあるため、レーザレーダを用いたシステムも開発されている[2-40]。その多用途性から民間でも広く研究開発が行われているレーザレーダは、高出力半導体レーザやAPD（Avalanche Photo Diodes）の高性能化、SPAD（Single Photon Avalanche Diode）array技術、MEMS技術、OPA（Optical Phased Array）技術、検知素子と測距回路の1チップ化などの技術の進展に伴い、装置の小型・軽量・高性能化が期待でき、防衛分野への適応も広がっていくと思われる。

(3)　化学・生物剤検知技術

現代では国家間の戦争だけでなくテロによる化学・生物剤の使用の脅威があ

るため、国土防衛の観点から化学・生物剤を検知・同定する技術の重要性は増している。特にアクティブ光波を用いた検知は遠方から噴霧された剤を検知・同定することが可能で、高感度、即応性を有することから初度対応センサとして注目されている。原理としてはレーザレーダにて、散布された化学剤等のガスのエアロゾル雲に対してレーザ光を照射し、その散乱光を検知することでエアロゾル雲の分布情報を得る方式である。近距離においてはエアロゾル雲の密度や濃度を高精度に得るため、化学剤が吸収する波長と吸収しない波長に分けてレーザ光を照射し、その差分からエアロゾル雲の濃度を求める差分吸収(DIAL)方式が用いられる。また紫外線を目標のエアロゾル雲に対して照射し、誘起された目標特有のラマン散乱光を分光して調べることで化学剤を特定する方式がある。

米国エネルギー省ではこの方式を用いた毒性物質を遠隔検知する可搬型システムを開発した[2-41]。テロによる脅威を考慮すると、このような可搬型で遠隔検知可能なシステムは即応性が高く重要であるといえる。生物剤の特定では、紫外域のラマン散乱を用いた方式のほか、レーザ誘起ブレークダウン分光法が有望である。これは試料に強密度のNd：YAGレーザ光を照射してプラズマ化し、生成したイオンや原子から放出されるスペクトルから生物剤を特定する方式であり、フランス装備庁で研究されている[2-42]。

(4) テラヘルツ波センシングと量子レーダ

今まで紹介してきた波長帯以外の電磁波を用いたアクティブ光波センサ技術が近年注目されている。テラヘルツ波とは周波数が約0.1～10THz（波長約30μm～3mm）と遠赤外線より波長が長い領域の電磁波であり、電波と光波の両方の特徴を有する。テラヘルツ波は紙やコンクリート等の非極性物質に対しては高い透過率を有するとともに、金属に対しては高い反射率を有し、光学系を用いた光路の制御が可能であるという特徴を有する。しかしながら大気による減衰が大きいことから、主な防衛用途となる大気中での遠方に対するリモートセンシングは困難となる。

これらの特徴と周波数のエネルギーが極めて低く被ばくについて人体に安全であることから、現在では隠された武器や爆発物、有害物質などを検出する保安検査などセキュリティ分野で主に研究開発されている。

また従来のアクティブ光波技術とは異なった新しい技術が防衛分野でも注目されている。量子レーダは光の量子相関を利用したセンサとして研究が進められており、特に量子相関を持った二つの光ビームの片方を目標に照射して反射波ともう一方の光ビームの量子相関から目標の存在の有無を判定することでレーダとして働かせる技術である[2-43]。利点として背景光が大きくとも検出能力が維持できることが期待される。他方、もつれ光の生成、空間伝搬中の吸収・散乱・揺らぎによる影響を含め、光波領域における有用性については、技術の進展も見据えつつ“古典的”レーザレーダと慎重に比較検討していく必要がある。

本節で紹介した光波センサ技術は、その優劣が戦場におけるキルチェーンの第一段階（どのような事象が生起しているかの理解）の能力に直結することからも、各国が研究開発にしのぎを削っているのが現状である。パッシブ光波技術の核となる検知器の開発は民生用途が限定的となり他国からの高性能センサの導入は望めないため、自国での開発が非常に重要な課題となる。アクティブ光波センサ技術は、民生用途での研究開発が活発に行われており、その成果をいかに取り入れていくかが重要である。防衛装備における光波センサの重要性は今後益々高まることが予想され、ここで紹介した技術をはじめとして、国内での光波センサ技術の開発に力を入れていくことが重要である。

第3章

電子戦関連の先進技術

1. 電子対処技術全般

1.1 電子戦とは

電子戦は「敵による電磁スペクトラムの使用を拒否しつつ、味方の使用を確保する技術及び科学である」と定義される[3-1]。一般に電磁スペクトラムという用語には、潜水艦への通信で使用されているとされる極超長波から放射線治療に用いられるガンマ線まであらゆる周波数の電磁波が含まれるが、電子戦の文脈では、電波および光波と呼ばれる領域の電磁波を指しているようである。

電子戦の始まりは日露戦争の時代だと言われている。ロシア軍は日本海軍の駆逐艦へ電波妨害を行い、報告を妨害したとされている。また日本海軍はウラジオ艦隊の無線の傍受を行うことで、彼の行動を事前に察知していたとされており、実は電子戦は戦車や戦闘機よりも長い歴史がある。電子戦が近年注目を集めている理由は、現代の戦闘様相が電磁波の利用に大きく依存していることによる。現代の戦闘においては、多種多様なアセットが電磁波を用いたセンシングを行い、ネットワークを通じて情報共有を行っている。ネットワーク中心の戦い（NCW：Network-Centric Warfare）が提唱されて久しいが、現代の戦闘における前提となっており、電磁波領域における戦いである電子戦は現代戦の要であるといえる。

電子戦を構築する大きな三つの柱である「EA（Electronic Attack）」「ES（Electronic warfare Support）」および「EP（Electronic Protection）」は、われわれが普段生活していく中でも、発生する現象・技術である。IT化・DX化が飛躍的に進む現在、IoT（Internet of Things）機器やICT（Information Communication Technology）がわれわれの生活には欠かせないものとなっており、電波センサや通信機器をはじめとした多くの電波を活用した機器を使用するシーンが急増している。多数の電波が輻輳する環境においてもこれらの機器は正常に動作するために必要な技術が必要不可欠で、当該技術は、電子戦における「EA」「ES」および「EP」を構築する技術と多くの類似点がある。

電子戦は電磁スペクトラムを利用したオペレーションであるが、その秘匿性の高さから、防衛関係者や軍事関係者以外においては、その内容を理解することが困難となっている。そこで本稿では、われわれが普段生活する中で、体験する現象等を参考にしながら「EA」「ES」および「EP」について概説するともに、公刊情報を基に電子戦の一端を紹介する。

なお高出力レーザ兵器システムや高出力マイクロ波兵器といったデバイスの故障を誘発させるライトスピードウェポンも電磁波を用いるため、電子戦の一種とみなす見方もあるが、本稿においては、電波を活用する非破壊な電子戦（電波電子戦）に関して述べる。

1.2　EA

EA（Electronic Attack：電子攻撃）とは、彼が電磁スペクトルを利用して行う行動を妨害するための活動を指す。具体的には、彼の「レーダによる目標の捕捉や追尾」および「通信による情報伝達」の阻害、当該機器の「機能・性能を縮退させる」または当該機器に「誤った情報を付与する」ことなどにあげられるように彼の電磁波を用いた作戦行動を未達にすることを目的とした行動を指す。

EAによって引き起こされる現象と同様の現象で、われわれの普段の生活で発生するものが「電波干渉」である。電波干渉の一例として、使用中の電子レンジの付近において、無線LANの通信が遅くなるという現象（無線LANによる通信:彼の通信、電子レンジのマイクロ波:我のEA）や劇場やコンサートホールや映画館等において、通信抑止装置によって携帯電話の呼び出し音や通信を抑止すること（携帯電話の通信：彼の通信、通信抑止装置：我のEA）等があげられる。両現象とも、被干渉側が用いる電波の周波数と与干渉側が用いる周波数が同一か、もしくは周波数の違いがほとんどなく、かつ与干渉側が送信する電波の電力が、被干渉側にとって、無視できないほど大きいために生じる現象である。こうした電波干渉を軍事的に意図的に行うことがEAの一例である。

当然のことながら、彼のレーダ装置や通信機器を妨害するEA装置が送信する信号電力は、彼のレーダ信号および通信信号の受信電力より大きな方が、妨害の効果が大きくなる。このためEA装置には、高出力の電波送信デバイスが求められており、近年においては、**図3-1**に示すようにGaN（ガリウムナイトライド）やInP（インジウムリン）に代表される化合物半導体からなる小型で高出力のマイクロ波増幅器デバイスにおいて、年ごとに高性能なデバイスが登場している[3-2]。こうした高出力デバイスは、EA装置においても必要不可欠なものであり、今後も成長が期待されている。

EAにおける電波干渉は妨害（Jamming）と呼ばれ、彼のレーダ装置および通信機材の受信電力より大きな妨害電力を重畳することで、当該機材の使用不能に至らしめたり、縮退を狙ったものである。さらに高度なEAの技法として、

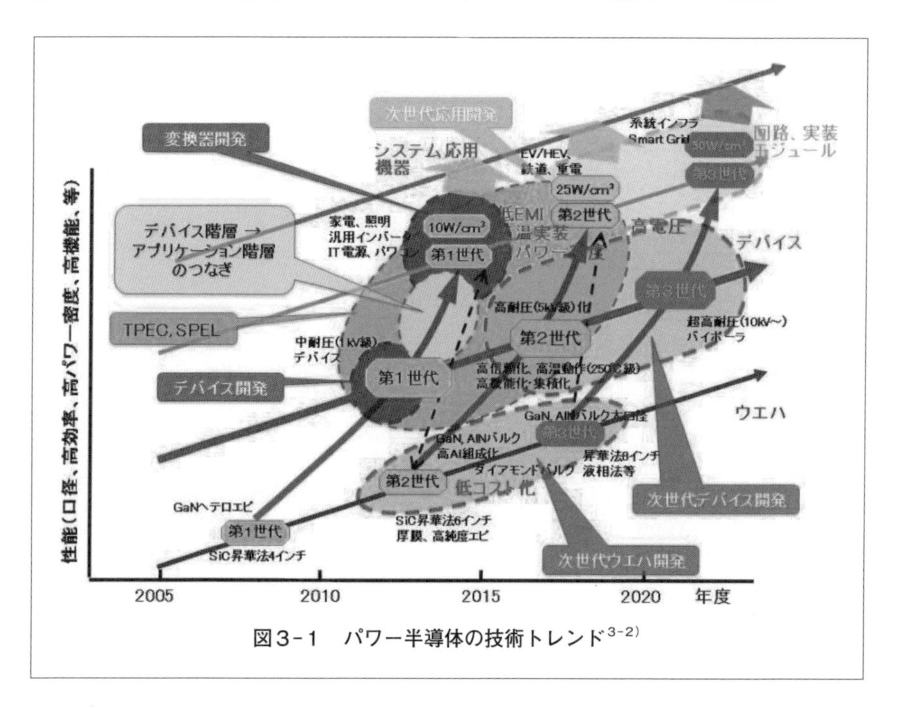

図3-1　パワー半導体の技術トレンド[3-2]

欺瞞（Spoofing）と呼ばれる手法がある。欺瞞は、彼の使用する電波に酷似した信号を用いて、彼に誤情報を与える手法である。欺瞞には、彼の使用する信号を取得、分析、信号処理等が必要となり、その実現には多くの技術課題があるものの、すでにいくつかの欺瞞の手法は報告されており、その一部を紹介する。

① 黒海沿岸におけるGNSSのスプーフィングの報告

黒海沿岸においては、GNSS（Global Navigation Satellite System：全地球測位システム）への欺瞞攻撃が多数報告されている[3-3]。これらの報告によると、**図3-2**に示すようにGNSS受信機を用いて測位される自己の位置が真の位置から、数10km離れた偽の位置に測位されるとのことである。悪意をもった者が、GNSS衛星からの通信信号になりすました偽の通信信号を艦船等の目標に照射することで、目標の自己位置の誤測位を誘起させたものと考えられる。

② 車載レーダへの攻撃手法の報告

最近は、自動車の自動運転を実現すべく研究開発が盛んに行われているが、

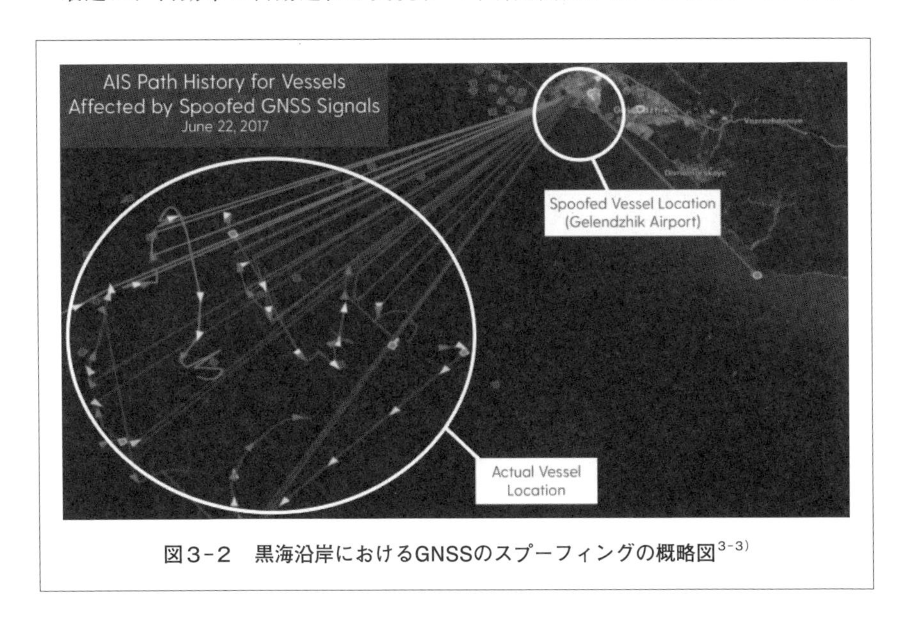

図3-2　黒海沿岸におけるGNSSのスプーフィングの概略図[3-3]

自動運転に欠かせないセンサの一つとして、車載レーダがあげられる。レーダ装置は、送信機からレーダ信号を送信し、レーダ信号が物体に反射した反射信号を受信して、レーダ装置と物体の位置関係を取得する装置である。車載レーダが送信するレーダ信号と同様の信号を外部から車載レーダに入力することで、レーダ装置と物体との距離を偽装するという攻撃手法があることが報告されている[3-4]。

妨害においては、彼の利用している周波数帯に大きな妨害信号を重畳することが求められる。一方で、彼の利用していない周波数帯に妨害信号を重畳することは、不必要な電力ロスをしていることとなり、妨害の効率は下がる要因となる。従って、妨害効率を向上させるためには、可能な限り、彼の使用する周波数にのみ妨害信号を重畳することが求められる。また欺瞞においても彼の使用する電波諸元（各種変調方式や通信規約を含む）等を事前に取得しておく必要がある。彼の使用している電波諸元を取得・分析することは効率的なEAの実現に必要不可欠な行動となっている。

1.3 ES

ES（Electronic warfare Support：電子戦支援）は、彼が利用する電磁スペクトルに関する収集および当該電磁スペクトルの分析等のことを指す。ESに関する行動においては、多様な目的があるが、主に以下の目的があげられる。

・ES機材にて彼の使用する電波諸元を受信・分析し、分析結果をEAに活用することで、効率的な妨害の実現を可能とする。

・ES機材にて電波を検出した際には、電波を送信した何らかが存在することから、ES機材による情報を基に、脅威アセットの早期発見を可能とする。

・ES機材が、彼の火器管制レーダ（ミサイル等の射撃統制システムで使用されるレーダ）のレーダ信号を取得した際には、彼からの射撃の可能性があることが示唆され、防御の態勢を取ることを可能とする。

・平時から、彼の使用する電波機材の電波諸元を取得し、得られた情報を有事の際に活用する。

具体的には、受信機および受信空中線を用いて電磁スペクトルを観察・監視し、電磁スペクトルを分析することによって、これらの目的を達成する。われわれの普段の生活においても、ESと同様のオペレーションによって、恩恵を受けている。一例を述べると、われわれは、普段から携帯電話、テレビジョンおよび車両無線機といった数多くの電波を送受信する装置を利用し、かつこれらの装置は支障なく動作している。先に述べたとおり、大きな電力干渉があった場合（すなわち、大きな出力の電波発生源があった場合）には、これら装置は不調を起こすことが想定される。こうした事態を防ぐために、総務省においては違法電波の常時監視を行っている[3-5]。電波を監視するという点において、ESと同様の目的をもったオペレーションといえる。

また彼の発する電波を検出することは、彼の存在を検出することにつながることは前述のとおりであるが、さらに彼が「どこ（正確には、どの方向に）」に存在するかを解明することもESの重要な機能である。これは、方位探知（方向検知）と呼ばれ、複数の受信空中線からの受信した信号の諸元を基に、電波発生源の方位を取得するものである。彼の存在する方位を検出することで、EAの妨害電波（または欺瞞電波）のエネルギーを彼の存在する方位に集中させることが可能となり、効率的な妨害につなげることができる。

方位探知にはさまざまな方式があるが、**図3-3**に示す通り、複数の受信空中線それぞれで電波の受信電力差、到来時間差および位相差等から電波の送信源の方位を検出する方法は、古くからある方式である。われわれが普段使用しているスマートフォン等に搭載されているBluetooth（仕様v5.1）においても、方向検知機能が新たに追加されており、目視で確認できないBluetooth搭載デバイスの所在地を電波によって特定することが可能となっており[3-6]、われわれの生活の身近な技術となっている。

近年、人工知能（AI：Artificial Intelligence）および機械学習（ML：Machine Learning）等の新たな技術を装備品に活用する検討が行われている。同様に、電波電子戦のESにおいてもAI/MLを利用した信号検出に関する検討が進めら

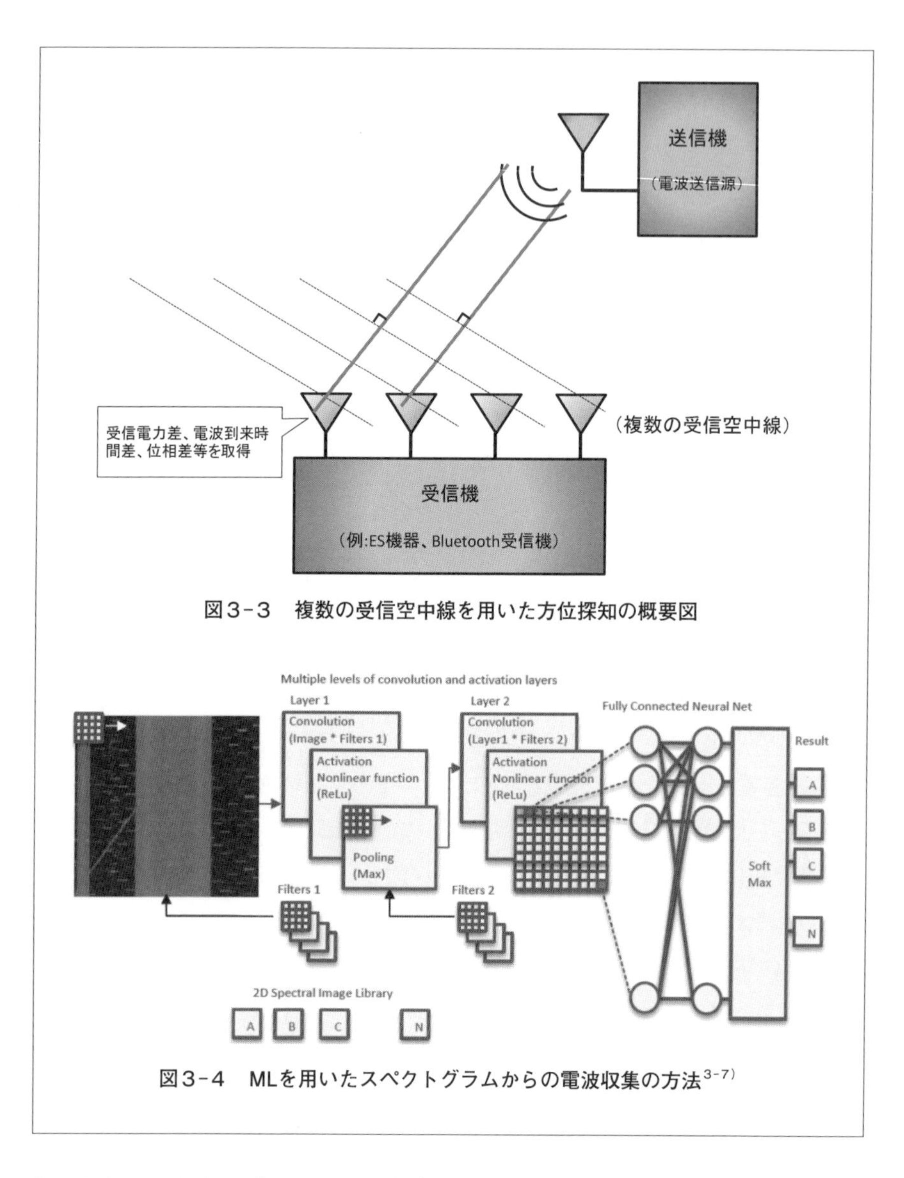

図３−３　複数の受信空中線を用いた方位探知の概要図

図３−４　MLを用いたスペクトグラムからの電波収集の方法[3-7]

れており、これらの試みについて紹介する。周波数軸と時間軸にて信号強度を色の濃淡で描画された２次元マッピング画像であるスペクトグラムを基に、MLを活用した画像識別により、レーダ信号や通信信号を解析する手法が報告されている[3-7]。調査するスペクトグラムの中から識別する電波の特徴を捉えることで解析を実現している。**図3-4**に当該処理の概要を示す。

近年においては、電波を利用する機器の数の増加に伴う多数の電波が輻輳する環境であり、そのような環境の中、人手の作業によって膨大な量の電波の諸元を解析することや電波輻輳環境下から解析したい電波を抽出することは、困難になることが予想される。こうした背景から、機械・コンピュータ等を用いた信号の解析等のESに関する手法は有力な手法となることが期待される。

1.4 EP

EP（Electronic Protection：電子防護）は、彼からのEAに対抗して味方の電磁スペクトル使用を確保・防護することをいう。具体的には、主にレーダおよび通信機材を用いたオペレーションにおいて、当該オペレーションを達成（例：レーダによる目標の探知、通信による情報伝達）するために、彼の電子戦機材のEAやESを困難にさせることをいう。前述のとおり、EAを行う前にESを行うことを前提とすれば、LPI（Low Probably Intercept）の信号を用いることで、ESを困難にさせることもEPを構成する要素といえる。またEAを受けた際、耐性を高めるために復調利得等の信号処理利得を大きくすることや彼が妨害している周波数を使用しないということもEPの手法である。

われわれの普段の生活においても、EPと類似したことを活用した装置等が存在する。その例を紹介すると、無線LANはISM帯（Industrial, Scientific and Medical band）を使用しており、免許不要の多数の装置にて使用されている。無線LANのルータにおいては、近隣のルータで使用されるチャンネル（周波数帯）と同じチャンネルを使用すると、図らずも電波干渉が発生し、通信速度が低下する（EAを受けた状況と同様）。このため、周囲の利用頻度が高いチャンネルを自動で回避し、電波干渉を局限する機能が具備された機器が登場している。

また現在においては、防災やインフラ維持管理、物流等のために、ドローンをはじめとした小型無人航空機の利用が検討されている。小型無人航空機が安全に飛行するためには、飛行やさまざまな情報取得・情報伝達のために用いる周波数を、他の電波発生源からの電波の混信・干渉を回避する必要がある。こうした背景の中、小型航空無人機への適用を考慮した干渉回避技術に関する研究開発も行われている[3-8]。

GNSSを代表するGPS（Global Positioning System）は、衛星からの通信信号を利用して自己の位置を特定するためのシステムである。一般的によく使用されるGPS信号の情報の転送レートは50bps（bits per second：1秒間に50個の情報の“1”と“0”を送信）しているが、GPS衛星がこの情報を伝送するために使用する帯域は情報転送レートの40,000倍の2MHz（2×10^6Hz）程度とされている[3-9]。使用帯域に応じた伝送速度を犠牲にする代わりに利得を大きくすることで、電波干渉への抗堪性を向上させている。

本節では、電波電子戦の主要な柱である「EA」「ES」および「EP」について概説した。電子戦は電磁波にまつわる軍事行動を指すが、「EA」「ES」および「EP」は、われわれの普段の生活においては「電波干渉」「電波監視」および「干渉回避」等といった表現に読み替えることが可能で、その基本的な手法等に関しては電波の物理的な特性や現象を利用したものであることから、われわれの身近で広く使用されている技術と類似する点が多いことがお分かりいただけたと思う。

電子戦は主に「電磁波」領域における作戦活動を指すことは、これまでの記載のとおりだが、「電磁波」領域は「陸」「海」「空」「宇宙」「サイバー」と並び称される領域であり、電磁波領域、すなわち電子戦における彼我の優劣は「陸」「海」「空」「サイバー」での優劣と同様（または「陸」「海」「空」および「宇宙」で用いられるアセットは、必ずと言ってよいほど電磁波を活用しているため、それ以上に）極めて重要な領域であるといえる[3-10]。こうした前提を基に、わが国においても電子戦を担う装備品の研究開発は継続的に進められており、今後も優れた電子戦装備品の創製に努めていきたい。

2. 電波監視技術の動向

2.1 ウクライナ戦争の教訓

2022年2月、ロシア軍がウクライナに対して全面的な侵攻を始める以前から、ウクライナ南部では断続的な武力衝突が続いていたが、この戦闘でロシア軍はウクライナ軍の通信系に対する電子戦を積極的に実施し、ウクライナ軍側の戦力発揮を効果的に妨害したこと[3-11]が知られている。この中でロシア軍はウクライナ軍の通信を継続的に監視し、収集した情報を活用することで優位に立つことに成功している。

今般の侵攻において、そうした優勢をロシア軍が確保できているかは疑問であるが、ウクライナ側がこれまでのロシア軍の戦術を分析して対策を立てていたり、NATO側の協力があったのではないか、とも推測できる。

このように、通信に対する電子戦は各国の軍事において重要さを高めており、わが国でも2019年に調達を開始した「ネットワーク電子戦システム」を配備する電子戦部隊を、各地に新設している。

どのような兵科にあっても情報収集は必要であるが、通信系に対する電子戦は上に述べたように相手方の分析と対策が重要であり、特に事前の相手方の電波情報の収集、分析、つまり電波監視が不可欠である。

実際に、「平成31年度以降に係る防衛計画の大綱[3-12]」において、防衛力が果たすべき役割の一つとして「宇宙・サイバー・電磁波の各領域において、自衛隊自身の活動を妨げる行為を未然に防止するために、常時常続的に監視し、関連する情報を収集・分析する」と掲げている。

この中で、電磁波についての監視、電波監視技術について紹介する。なお、防衛省においては電子戦全体の中で電波監視をとらえる場合、「電子戦支援」という呼び方を使うが、本稿では技術的な視点や歴史的経緯を考慮し、「電波監視」と呼ぶ。

2.2　電波監視の概要

電波は軍事用途として極めて重要なことはもちろんであるが、民間の基本的なインフラとしても不可欠な位置を占めている。

電波を使用する機材は主にレーダと無線機に分かれるが、特に無線機は携帯電話に始まり、車両、艦船、航空機から人工衛星まで、有線で通信を行うことができないあらゆるプラットホームに搭載されている。そして､それらがいつ、どのような電波を送信するか､ということは､常に何らかの手段により受信し、電波が持つ情報を収集、分析することができる。

電波監視は大まかに分けて四つの作業に分類できる。①捜索と検出、②方位探知、③類識別、④経路推定である。

①捜索と検出、と②方位探知は読んで字の通り、捜索と検出は送信された電波を見つけ出すことであり、方位探知はその電波を受信した方位を探知することである。

③類識別は登録された周波数、型式や、過去の記録と照らし合わせることにより、送信局を識別するための情報を得ることである。

④経路推定は電離層反射やフェージングの影響等を含め、通信波が伝搬してきた経路を詳細に推定することである。

これらの情報を受信した信号から得るため、電波監視ではアンテナや受信機に加え、広帯域の電波信号を処理し、必要な情報を算出するために、強力な情報処理装置が必要とされる。また電離層の状態は時刻や季節によって大きく変わるため、継続的な観測も必要となる。

このような機材を整備し、電波監視を行っているのは多くの国の情報機関であるといわれている。しかし当然ながら、そうした組織の活動内容は公にはされていない。

他方、インフラとしての側面から電波を管理、つまり適切な諸元の電波を使用者に割り当てることを所管とする公的機関、わが国であれば総務省は、違法に送信される電波の監視を行う必要がある。

この目的のため、総務省では「DEURAS（DEtect Unlicensed RAdio Stations）[3-13]」という電波監視システムを運用している。**図3-5**はその概要である。電波法の順守という目的の違いはあるが、技術的に実施していることは類似している。

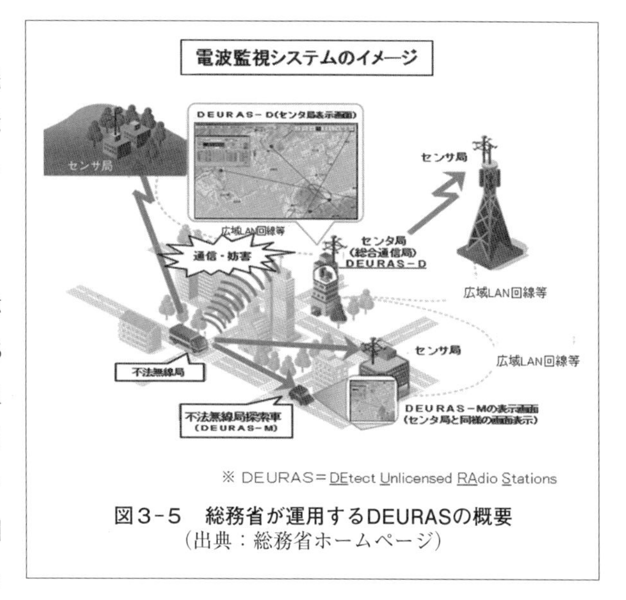

図3-5　総務省が運用するDEURASの概要
（出典：総務省ホームページ）

軍事技術としては公にされることの少ない電波監視ではあるが、市民生活を守るという用途でも活用されているのである。

2.3　電子戦前史

電波の利用が始まる以前、軍用通信として最も一般的だったのは、人間が直接命令を伝達する伝令だった。伝令から情報を得るには、その任務に就く兵士を捕縛し、命令書なり自白なりを得る必要がある。相対する陣営の近くでそうした活動を行うことが容易でないことは、後世の我々にも容易に想像できる。

他には狼煙（のろし）や腕木（うでき）通信[i]、19世紀には有線電信も利用されているが、それら

i)　船の手旗信号のように、長い棒の組み合わせ方を変えることで、数十通り程度の簡単な情報を遠方から目視で読み取れるようにし、数km毎に配置された複数の局でバケツリレー式に伝達していく通信手法。

は単純な内容しか伝達できなかったり、固定された２点間でしか通信が行えない等の点から、得られる情報が少ない、あるいは監視が難しいという問題があった。

つまり、長い間軍事における通信を監視することは難しく、運に左右される問題であり、継続的に行う性格のものではなかったといえる。

しかし、こうした情勢を無線通信の登場が大きく変えることになる。

無線通信は電波を利用するために、電線を引く必要もなく簡単に長距離の通信を行うことができる。その利便性は軍事組織にとって非常に大きいものであるが、その反面、必要な機材を準備すれば比較的容易に監視できるという弱点も持っている。

電波監視はそのような無線通信の弱点を突く形で誕生し、その進歩を追いかけながら、やはり同様に進歩してきた。

2.4　電波監視の歴史

イタリアの発明家、グリエルモ・マルコーニが無線電信を発明したのは1895年と言われている。当初数百ｍしかなかった交信距離は、彼の努力によって数年で飛躍的に伸び、1900年ごろには電線を引くことができない艦船向けに、無線電信が実用化された。

有名なタイタニック号の沈没事故は1912年のことであるが、その際にも救難要請を送信し、近くを航行していた船が受信しているように、20世紀初頭には無線通信は一般的なものとなっていった。

特に、短波を中心とする一部の周波数を用いた通信は、**図3-6**に示されるように、電離層と地上を反射することを繰り返すため、数千km先でも受信できることが多い。直接波は地平線の下に届かないが、この特性から電波通信ははるかに高い到達性を得ることになった。

このように明記された無線通信の始まりに対し、電波監視がいつ頃、誰の手によって発明されたかはよく分かっていない。

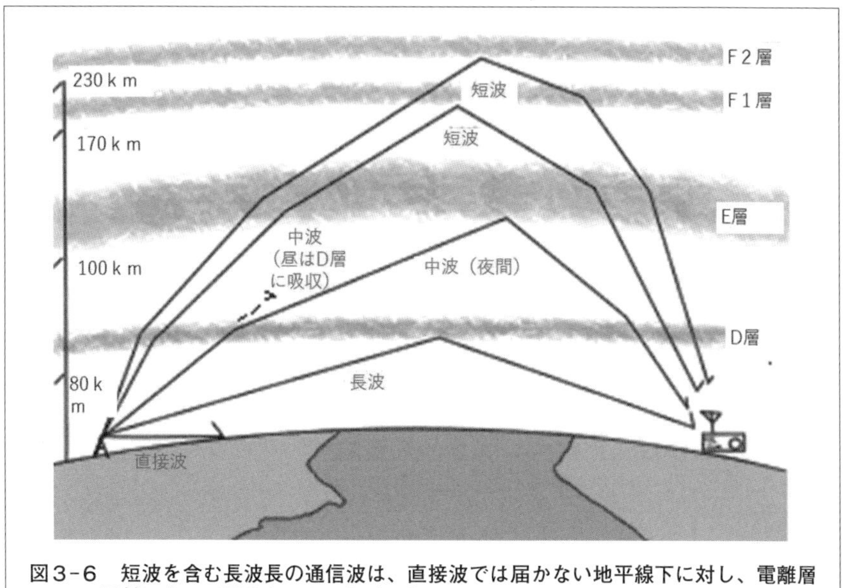

図３-６　短波を含む長波長の通信波は、直接波では届かない地平線下に対し、電離層反射によって到達させることができる。

おそらく、そのような相手国の軍用通信を監視する試みは、通信の軍事利用と同時に、自然発生的に始まっていたのだと考えられる。自軍の通信機に混信する相手方の通信を傍受し、その意図を知ろうとすることは、ごく自然なアプローチであるといえる。

古い例では日本海海戦において日本の通報艦「信濃丸」がロシア海軍バルチック艦隊を発見した際の無電報告を、バルチック艦隊側も傍受しており、日本側に発見されたことを認識していた、と言われている。

ただし、この時点では電波監視のための具体的な装備は存在しなかった。おそらくバルチック艦隊は艦に装備されていた無線機で、暗号化された通信が頻繁に受信できたことから、「日本側の艦艇に発見され、位置を通報されている」という事実のみを推定できたと考えられる。

この例にみられるように、相手側の電波通信を監視することにより、相手方の様々な情報を入手、あるいは推定できることは、電波通信の軍事利用が開始

図3-7　三六式無線機
（記念館「三笠」蔵、公益財団法人　三笠保存会　画像提供：郵政博物館所蔵）

された初期から認識されていた。

図3-7に、当時日本海軍が使用していた三六式無線機の外観を示す。マイクやヘッドホンがないのは、まだ音声によるアナログ変調機能がないためであり、モールス信号のみを送受信する構造であることが分かる。

このようなシンプルな機材を活用し、現代の早期警戒システムにつながる警戒網を立ち上げたことに、日本側の日露戦争に対する並々ならぬ努力の一端がうかがえるが、それは同時に、相手方の電波監視にさらされるリスクを抱えることでもあったのである。

通信機が一般化し、また戦場が広域化した第１次、第２次世界大戦において、こうした電波監視活動はより活発なものとなった。

一例として第２次世界大戦におけるドイツ海軍を挙げる。彼らは戦争期間中、米国から英国、ソ連への洋上輸送を遮断する任務を担っていた。

この任務を果たすためには輸送船団の規模や位置、進行方向、周辺の気象条件等、様々な情報が必要となる。大西洋上に広く分散した多数のＵボートや航空機、気象観測部隊は随時自分たちの観測内容を、電波によって本国に報告し、ドイツ本国はそうして得た情報から作戦計画を立案し、指示をやはり電波によって送信していた。

しかし、この一連の通信は主にテレタイプを使用していた。つまりファクシミリと同じように、格子状に仕切った紙の特定のマスを黒く塗るか白と塗るか、という情報を０と１の数列に変換し、電波で送信していたわけであり、その内容は連合国側でも容易に監視することができた。

有名なドイツの暗号機「エニグマ」は、機械的な文字から文字への変換を何度も行うことにより、暗号化を行うものであるが、ドイツ海軍は各Uボートにこの暗号機を支給し、予め送受で取り交わしたプロトコルに基づいた暗号化を通信文に施すことで、指示の内容を知られることを防いでいた。

いわば、このような暗号機が必要とされたこと自体、平文による通信は監視され、相手方に通信内容を知られてしまうことを裏付けていたといえる。

大戦中、エニグマは連合国側の様々な努力によって解析されることになるが、解析にもドイツ側の膨大な通信データが必要であり、連合国は大戦の全期間を通して、それらの電波通信の内容を監視し続けていた。

またアンテナや電子機器が進歩したことで、電波の到来方位を探知できるようになった。上記のUボートの例で言えば、英国が開発したHF-DF（High Frequency-Direction Finding）と呼ばれる方位探知装置は、高い指向性のアンテナを回転させることで、短波通信の電波を送信したUボートの方位を算出することができた。

また複数の地点からの方位探知を組み合わせることで、位置自体を推定でき、攻撃や回避に大いに役立っている。

これは概要でも述べた方位探知の、最も初期の手法であるといえる。

この例でみられるように、電波監視は戦争遂行において非常に重要であり、戦争の趨勢そのものに影響する。

その対象は軍用の通信のみならず、時として非軍用の放送波にも及び、長い地道な監視活動を必要とするが、その内容は往々にして我が方の能力を秘匿する必要から、公にされることは少なく、公開される場合もずっと後になってから（公開することが危険でないと判断されてから）がほとんどである。

第２次世界大戦が終結し、戦時の電波監視はいったん終了した。しかしほどなく始まった冷戦により、今度は平時の相手方の活動を監視するうえで、やはり電波監視は重要な役割を持つことになる。

戦時中の軍用通信が主にアナログ変調やテレタイプに頼っていたことは先述

したとおりであるが、冷戦期においてもその傾向は続いた。

大型の情報処理装置を搭載するスペース、電力に余裕があり、数十km先の僚艦と通信を行う艦艇等では、デジタル変調によるデータリンクが採用されたが、地上通信や長距離通信では依然としてアナログ変調や、デジタル変調でも低速で確実に伝達できる方式が使用されていた。

送信される情報自体は電波監視により容易に受信でき、送信側は主に暗号化によって通信の秘匿をはかっていたことについても、同様に情勢はあまり変化しなかった。

しかし、仮に音声通信の暗号を解けなかったり、データ通信の内容を解析できなくても、特定の送信源から通信波を送信していること、あるいは送信していないこと自体を隠すことはできない。

送信が行われていなければ、現時点でその送信源は指示を出す必要がない、ということが分かるし、頻繁に長い送信を実施していれば、複雑な指示を出す必要があると分かり、また、そのような指示を必要とする部隊や艦船が存在することも分かる。

そうした電波監視を継続的に行えば、相手側の軍事組織の活動状態を推定することができるようになる。例えば急に通信回数が増加すれば軍の活動が活発化したことが分かるし、その情報は自国の対応を決定するうえで非常に重要になる。

大戦直後から90年代初頭まで続いた冷戦期において、多くの国が電波監視を実施し、相手側の通信状況を見極めることにより、軍事的な活動状況を推定することに役立てていた。

2.5　電波監視の近年での動向

90年代に入ると、無線通信技術の急速な進歩に伴い、軍用通信は大きな変化を迎えた。同時に、無線通信を相手として進化してきた電波監視も、同様に変化を求められることになる。

通信の変化とは、まず通信が高速、大容量のデジタル変調に移行したこと、広帯域化、ネットワーク化、そして衛星通信が普及したことである。この背景には携帯電話の普及をはじめとする非軍事での電波利用の増加や、軍事面では遠隔操作が必要な無人機の増加とそれに関わる技術の向上がある。

例として米軍が採用した無線機は、80年代以前は主としてVHFによるアナログ変調を使用していたが、90年代ごろからスペクトラム拡散方式と位相変調等のデータ通信が組み合わせられるようになり、現在ではアナログ変調は古い機材との交信用として残されているのみである。この傾向は我が国の自衛隊をはじめ、多くの国でも同様である。

スペクトラム上に見やすい形でシグナルが現れるアナログ変調波や、モールス信号に比べ、このようなスペクトラム拡散信号や、広帯域のデジタル変調は信号が見えにくい、受信してもすぐに音声に変換できない、頻繁に周波数を変更する等、監視を難しくする特徴を多く持っている。

このような通信波を監視するには、受信側が手動により受信周波数を調整したり、変調方式を変更していたのでは到底間に合わないし、信号によっては発見そのものが困難である。

このように監視の難しい通信の例として、**図3-8**にスペクトラム拡散方式の概要を示す。直接拡散方式は信号レベルが低下し、時にノイズ下に入ってしまうため、周波数ホッピングは常に周波数を変更するために、それぞれ目視が非常に難しいことが分かる。

また衛星通信はその仕組み上、電波監視を難しくする特徴を持っている。**図3-9**にそのイメージを示す。

送信局は36,000km先の静止軌道上にある通信衛星に向け、指向性の高い高周波の電波を送信するため、この電波を監視するためには、受信機を搭載した何らかのプラットホームを、送信源と衛星を結んだ直線上に近づける必要がある。

通信衛星は受信した信号を地上に向けて増幅して広範囲に送信する。この電波を監視することは可能である。このため、通信衛星の活動状況を推定するこ

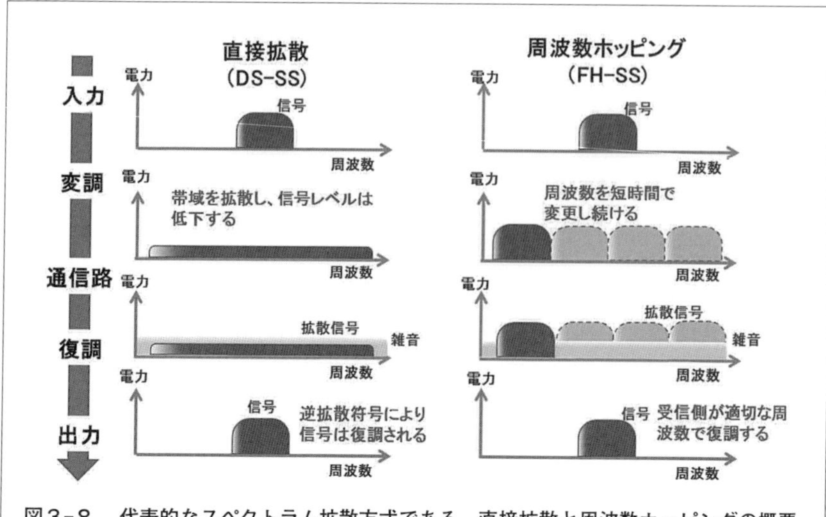

図3-8　代表的なスペクトラム拡散方式である、直接拡散と周波数ホッピングの概要

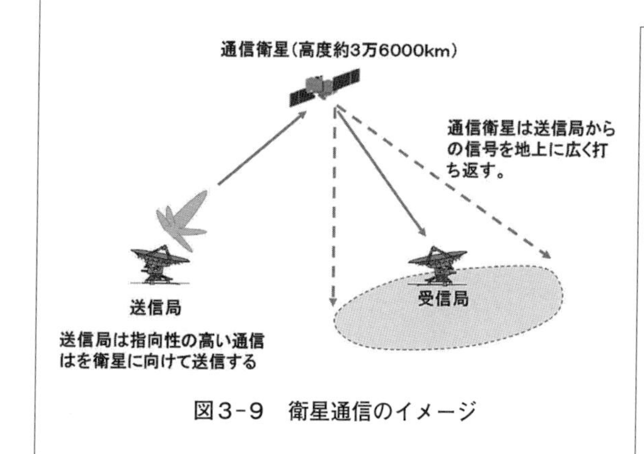

図3-9　衛星通信のイメージ

とは容易だが、元々の通信が地上のどこから送信されていたか、を推定することは難しい。

衛星通信自体は1960年代からすでに実用化されているが、80年代に軍用で使用され始め、世界的な宇宙利用の拡大とともに、主に長距離通信で使用されている。

この特徴はネットワーク化も同様のことが言える。複数の局を経由した場合、元々の送信局を追跡することは困難である。

2.6 新たな電波監視手法

このような通信の変化に対し、電波監視にも計算機処理が導入された。コンピュータの進歩により、広帯域の通信信号を長時間にわたって記録することが可能となり、そのデータをスペクトログラムによって可視化することができるようになった。**図3-10**にそのイメージを示す。

また電波の状態を詳細に観測、記録できるようになったことで、複数のアンテナを配置し、その位置関係と受信した電波の位相を比較することにより、電波の到来方位をより厳密に探知できるようになった。**図3-11**に簡単な例を示す。素子間距離、受信した電波の周波数、位相のずれを総合すると、到来方位の角度を算出できる。

現在ではより多くのアンテナをアレイ上に配置して受信信号の位相を行列化し、複数の到来信号同士が相互に影響しないことを利用して個々に分離、方探を行うMUSIC方式（MUltiple SIgnal Classification）が多く採用されており、先に述べたDEURASにも採用されている[3-14]。

こうした新たな電波監視の実例として、航空自衛隊が令和２年度に取得したRC-2電

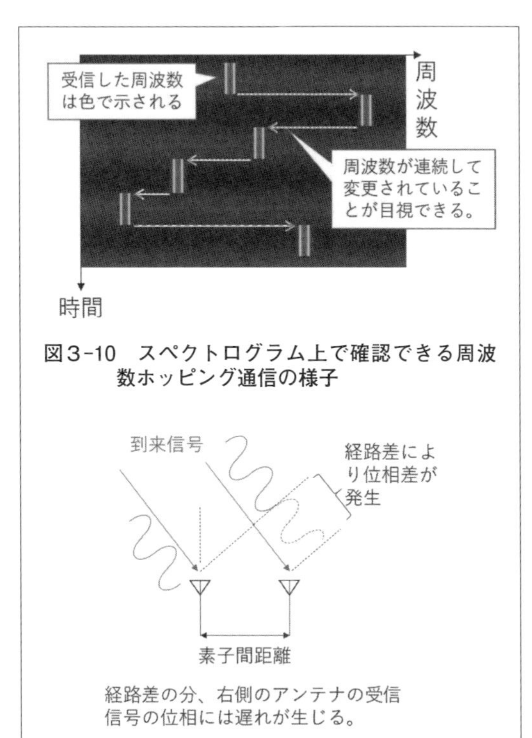

図3-10　スペクトログラム上で確認できる周波数ホッピング通信の様子

図3-11　位相差を利用した簡易的な方位探知の例

図3-12　RC-2（航空自衛隊ホームページ）
機体に複数のレドーム（赤線部）が配置されていることが分かる。

波情報収集機（**図3-12**）では、その取得成果の目標として「受信周波数帯域の拡大」、「デジタル変調波の収集」、「多目標同時収集能力向上」、「自動化による処理能力の向上」が掲げられている[3-15]。

衛星通信に対しては、異なるアプローチによって送信局の位置推定が可能である。その概要を**図3-13**に示す。

送信局が通信衛星に向けて送信した電波は、静止軌道上の他の通信衛星でも受信し、両方とも地上に送信される。この際２ヵ所の衛星⇔送信局間の距離は異なるため、信号の受信には時間のずれが生じる。

また静止衛星と呼ばれてはいるものの、通信衛星もゆっくりとではあるが移動しており、そのため救急車のサイレンの音が変化するのと同様に、衛星が受信する電波の周波数は変化する。

これら２ヵ所の衛星を経由した信号を比較することにより、衛星通信の電波を送信した局の位置を推定することができる。この方式はすでに公開されているものである[3-16]が、移動目標や信号が重畳している場合には誤差が大きく

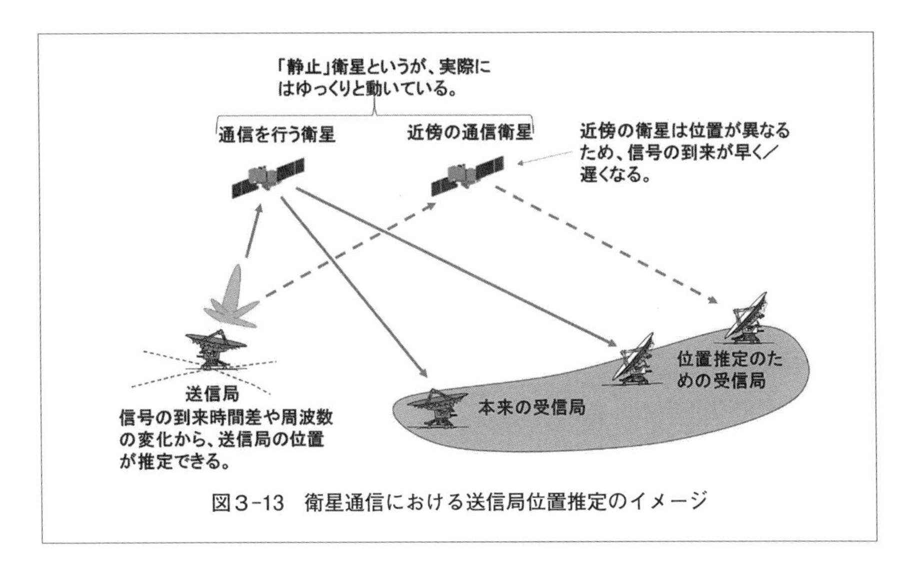

図3-13　衛星通信における送信局位置推定のイメージ

なったり、推定が不可能になるという課題もある。

このように、通信の情勢が変化するのに合わせ、電波監視のあり方も変化してきている。

今後は情報処理能力の向上に合わせ、従来では難しかった広帯域での記録や捜索に関する技術が向上していくものと考えられるが、同時に急速に普及しつつあるAI関連技術を活用したリアルタイム対処や、省人化技術が適用できる可能性がある。

スペクトログラムに現れる通信波のシグナルや、アンテナに通電した際の立ち上がり時の波形は、ノイズや伝搬の影響等により、その信号にばらつきが生じやすい。閾値や波形捜索といった手法では効果が阻害されてしまうことが多く、深層学習等の新たな手法を検討していく必要がある。

また既に述べたように、衛星通信への監視には移動や重畳の課題があるため、それらを解決していくことも必要である。

防衛装備庁では、それらの新規技術を積極的に取り込みつつ、より複雑、低被探知化していく各種通信に対する電波監視技術を向上させていく予定である。

3. RCS計測評価技術

3.1 ステルス性

1991年の湾岸戦争でステルス攻撃機F-117が実戦に投入されて以来、レーダに探知されにくくする技術—ステルス技術が注目され、これを適用した各種ステルス航空機やステルス艦艇等が開発されてきた[3-17), 3-18)]。ステルス技術の要素技術としては、形状の制御、電波吸収体やFSS（周波数選択表面）[3-19)]の適用等が挙げられ、これらの適用により前述のステルス装備品が実現しているといえる。しかし、これらの装備品には本来持つべき機能性能があり、それらを優先としてさらにステルス性を兼ね備えた設計が行われることが多い。そこで、ステルス性も観測角度により必須で求められる範囲と、ある程度妥協できる領域とがあり、研究開発中に行われる性能確認試験ではこれらに応じて適切に評価する必要がある。この際に、共通の評価指標として用いられるのがレーダ反射断面積（以下、「RCS」という）である。

ステルス性を高めレーダに探知され難くすることとは、RCSを小さくすることに他ならない。また、逆に航路安全対策や人口衛星等で探知、追尾し易くしたいときは、RCSを大きくすることが求められる。

導体にレーダ等の電波が照射されれば、表面に誘起電流が流れ再放射する現象が起こるのが自然なため、RCSを大きくするよりも小さくする方が一般的には難しく工夫が必要となる。そこで、ここではRCSが小さい、即ちステルス性が高い目標を計測評価することを念頭に、まず、RCSに関する基本的な事項について述べた後、この計測評価方法について解説する。この中で、防衛装備庁次世代装備研究所飯岡支所（以下、「飯岡支所」という）における最近のRCS計測評価の事例についても適時紹介する。

3.2　RCSとは

RCSとは、目標物の入射電波に対する反射量を表す「電波的な大きさ」といえる。この定義を言葉で表すと難解であるが、数式であれば比較的簡単な次式で表される[3-20]。

$$\sigma = \lim_{r \to \infty} \left\{ 4\pi r^2 \frac{P_s(\theta', \phi')}{P_i(\theta, \phi)} \right\} \text{〔m}^2\text{〕}$$

ここで、

σ：目標のRCS〔m^2〕
r：目標と観測点との距離〔m〕
P_i：入射波の電力密度〔W/m^2〕
P_s：散乱波の電力密度〔W/m^2〕

である。式中で$r \to \infty$とあるが、距離を無限大にとることは実際には不可能だが、電波が物体に対し平行に入射するような充分遠方であれば、これを満たしていると考えてよい。

すると、入射波と散乱波の電力密度、即ち電界や磁界を目標物の位置において、それぞれ正確に計測できれば容易にRCSが求まることになるが、計測機器が電磁界を乱すことからこの計測は困難であり、定義式に従ってRCSを計測することはない。

実際のRCS計測では、次のレーダ方程式が適用される[3-21]。

$$\sigma = \frac{(4\pi)^3 R^4 S}{P_t G^2 \lambda^2}$$

ここで、

P_t：送信電力〔W〕
G：アンテナ利得（送受同じ）
σ：目標のRCS〔m^2〕
R：目標の距離〔m〕
S：受信電力〔W〕
λ：波長〔m〕

である。この式により、目標から距離R離れた送受信位置において得られた受信電力、その他送受信装置の諸元を代入すればRCSが算出される。この様に求める手法が絶対測定法と呼ばれる。この式から、RCSσは唯一、レーダ側の性能によらず目標側の性能にのみ依存する項であることがわかる。

ところで、RCSの値が正確に知られている標準の反射体（基準目標）があると、このRCSσ_sと反射量計測結果の比から、次式により容易にRCSを求めることができる。

$$\sigma = \frac{\text{目標の反射量}}{\text{基準目標の反射量}} \times \text{基準目標のRCS}\,\sigma_s$$

基準目標と評価対象目標の２つの反射量を、交換して計測すればよい。

このように求めるのが比較測定法、あるいは単に比較法と呼ばれる手法である。

ここで、基準目標として利用される反射体には、導体球やコーナリフレクタ等[3-19]があり、これらは電磁界解析により正確なRCSが理論的に導出されている。

一般のレーダ目標は形状が複雑で、材質の電気定数も部位により一様でないので、特別な場合を除きRCSσの理論式を導出することは困難である。よって、これらは計測によって求めるしか方法はなく、精度の高い計測が求められる。

3.3　RCS計測技術

RCSを計測するには、対象目標とこれに対し電波を送信して反射波を受信するための、レーダに似た装置が必要になることは容易に想像できるであろう。レーダとの違いは、コンソール画面上の目標輝点や探知確率等は重要でなく、代わりに正確な送受信レベルの計測能力が求められることである。

飯岡支所では、RCS計測評価を行う装置として、**図3-14**に示すステルス評価装置の研究試作を行い、令和元年度までその性能確認試験を実施した。計測方法には２種類があり、回転台の上に固定し姿勢角を変えながら静止した状態で計測する静的RCS計測と、航行中の実目標のRCS計測を行う動的RCS計測の機能である。それぞれの計測機能について一通りの計測評価を終え、性能目標を満足することが確認されたが、将来の更なるステルス性能の向上に伴うRCS計測評価のニーズに応えるため、令和２年度から計測精度の向上に取り組んでいる。

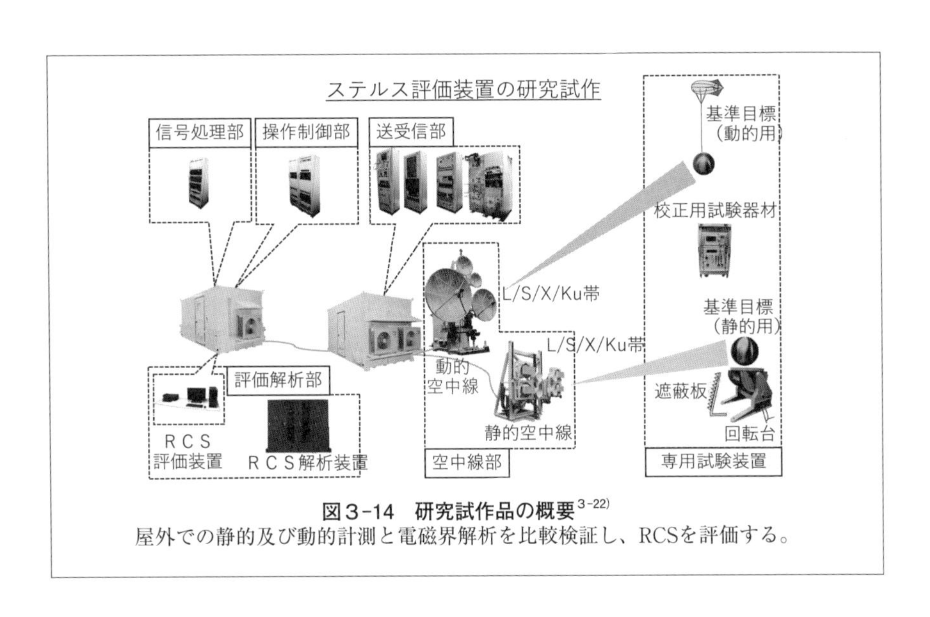

図３-14　研究試作品の概要[3-22)]
屋外での静的及び動的計測と電磁界解析を比較検証し、RCSを評価する。

(1) 静的計測技術

静的RCS計測は、**図3-15**に示すように、回転台により姿勢角の正確な制御が可能である。計測の再現性が高いが、計測距離により計測目標の大きさに制限があり、これを超えた場合には計測結果の変換処理が必要となる場合がある。屋内計測と屋外計測があり、基準目標を用いた比較測定法が採用されることが多い。屋内計測は、一般に内壁に広帯域電波吸収体を貼った電波暗室内で実施される。電波が建物の外部へ漏れることがないため使用電波の制限が少なく、天候の影響を受けにくい利点もあるが、計測距離が電波暗室の大きさに依存するため、計測目標の大きさが制限されることになる。このため、できるだけ遠方の条件（遠方界）で計測する工夫が求められ、コンパクトレンジ反射板等[3-23]が利用されている。

一方、屋外計測では、より大きな目標を必要な距離をとって計測することが可能である。

図3-15　静的RCS計測イメージ

図3-16　飯岡支所の屋外RCS計測場

国内では**図3-16**に示す飯岡支所内の屋外RCS計測施設で実施可能である。この計測施設の最大計測距離は440mで、この地点にパイロンと呼ばれる大型の支持台が設置されていて、頂部にある回転装置に戦闘機大の計測目標を搭載し、方位角及び仰角を変化させながら計測可能である。この施設により、小型の目標であれば遠方界の条件を満たすが、戦闘機大の寸法では難しく、このため、計測結果をNF変換[ii]処理してRCSを求める機能を備えている。なお、外国には**図３-17**にあるような計測距離が２kmを超える施設が存在する[3-24]。

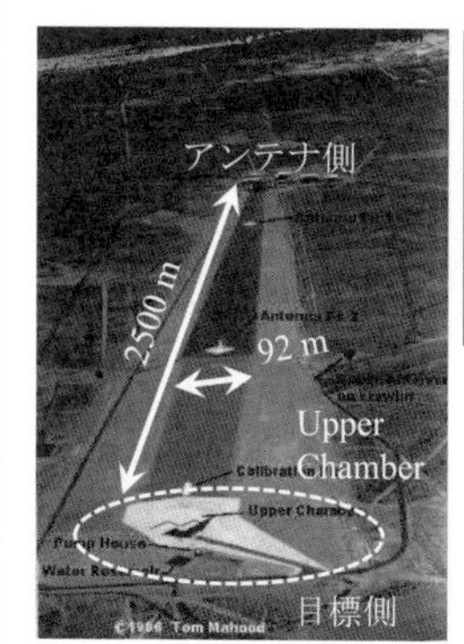

(a) 施設の外観

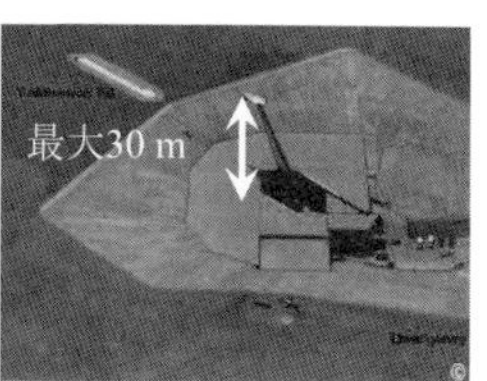

(b) パイロン

図３-17　外国の屋外RCS計測施設[3-24]
（米国Helendale Avionics Facility）

さて、将来ステルス技術が進化し、さらに小さなRCSを計測しなければならなくなったらどのようにすればよいだろうか。屋内計測の場合には電波暗室の内壁の電波吸収体の吸収性能や、コンパクトレンジの精度を向上させること等が考えられるが、屋外計測の場合には、計測目標以外からの不要反射波の抑圧、即ちクラッタ抑圧対策が重要となるだろう。

屋外計測場において主なクラッタ源は、目標物を搭載するパイロンだけでなく、伝搬経路上の等距離に相当する位置にある樹木、ブロック塀、屋外灯、監視カメラ等があり、これらは安全対策上の理由から撤去できない場合が多い。飯岡支所では、これらの反射源を計測により特定したうえで、**図３-18**のように電波遮蔽板や屋外用の電波吸収体を用いてクラッタ抑圧を図る方法をとっている。計測距離が400m規模の広大な計測場では、全てのクラッタ源に対しこれらの器材を適用することは実際上困難であるが、可能な限りの対策の結果、クラッタの出現分布は**図３-19**のように改善した。

この他、屋外計測では天候の影響を受ける。計測中に急な雨になると、計測目標や発泡スチロールの支持台は、濡れることで反射量が変化するため中止と

ii)　NF変換：近傍界遠方界変換、近傍界の計測結果から遠方界の電磁界を導出する計算手法のこと

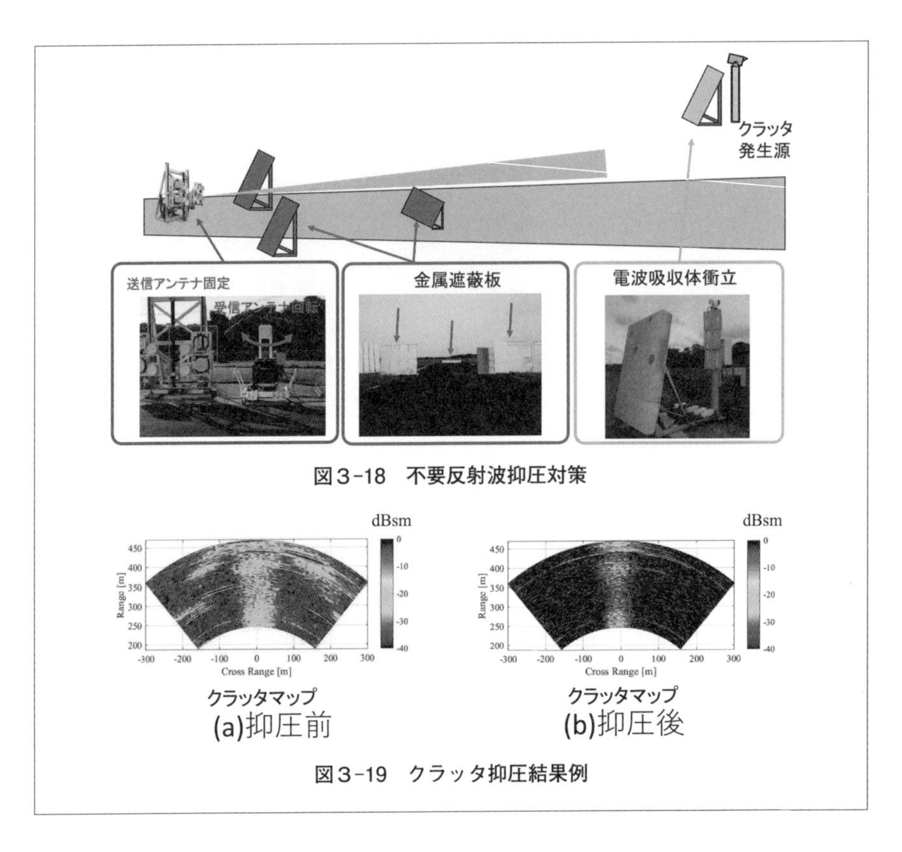

図3-18　不要反射波抑圧対策

図3-19　クラッタ抑圧結果例

なる。また強風が吹いた場合は、クレーン作業ができないため、目標をパイロンに搭載できないし、既に搭載してある目標は下ろすことができず、安全を見守るしかなくなる。特に飯岡支所では強風が吹き易いためこの問題は重要である。強風時に、搭載した目標を保護する設備の実現が望まれるが、大規模な施設工事が必要となり容易ではない。次善の策として気象予報会社により飯岡支所の気象予測の提供を受け、事前に対処方法を判断するようにしている。

(2)　動的計測技術

動的RCS計測は、**図3-20**に示すように、運用状態の装備品を実環境で計測できるが、姿勢角の正確な制御が難しく、目標機や目標艦の派出に部隊の協力

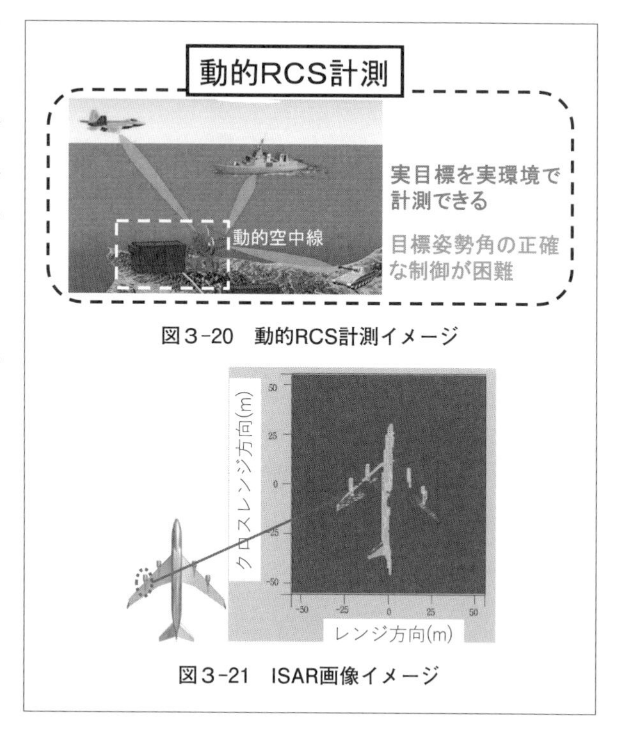

図３-20　動的RCS計測イメージ

図３-21　ISAR画像イメージ

支援を要したり、計測装置自体も輸送により沿岸部等の計測実施場所へ移動展開しなければならない等、大掛かりな計測イベントになるため、実施回数にも制限があり計測の再現性を確認することは困難である。しかし、運用中にレーダからどのように観測されているかがわかるため、結果は部隊側にとっても有用な情報のはずである。

装備品等の計測を行う多くの場合、訓練空域や実海面上に目標を航行させ陸上の沿岸部から観測するため、静的計測に比べ計測距離も送信出力も大きいので、無線局の開設に関し実施場所や実施期間が限られる。ところで、送受信側は固定位置だが、計測目標側が運動することによりISAR処理を行い反射源分布の画像データを得る機能がある。計測結果のイメージを**図３-21**に示す。同図と実体図面との比較により、エンジン部分の反射が目立つことがわかる。このように、高分解能な強度分布情報によりステルス設計の効率化が図られるであろう。

ステルス評価装置の研究試作では、動的計測に前述の比較測定法を採用し、基準目標をバルーンで吊るし１km以上離れた地点で計測して校正値を求めている〔**図３-22(ａ)**〕。この方法は、計測結果さえ得れば容易にRCSが求められるが、基準目標からの反射の変動やロープの反射の影響で、基準目標の計測値が不安定になり確からしい値を得るため、多くの計測データが必要となるこ

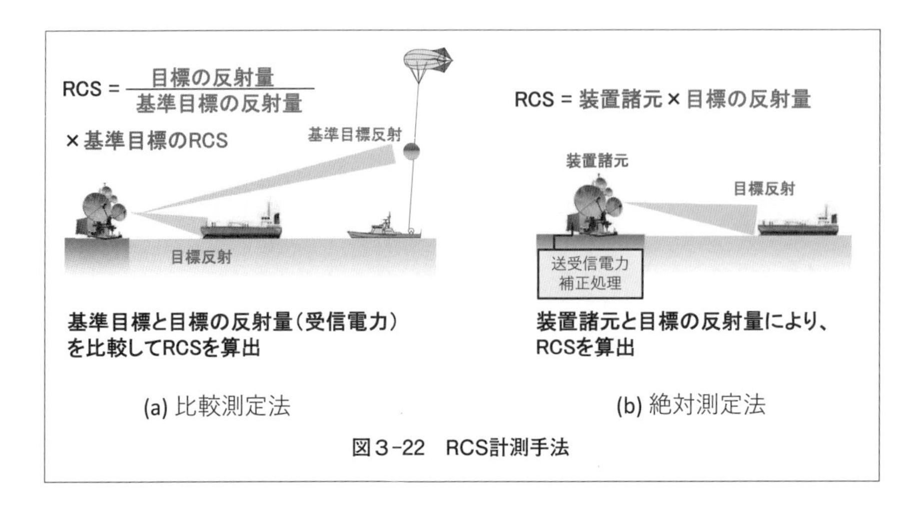

図3-22　RCS計測手法

とがある。この場合には、送受信機の各諸元を正確に把握し補正する機能を用いて、**図3-22(b)**に示す絶対測定法による計測を行うことが有効とみられる。

3.4　電磁界解析（シミュレーション）技術

前述のように、形状が複雑な目標のRCSを計算式で求めることはできないが、電磁界シミュレーションによる数値解析でRCSを求めることができるようになっている（**図3-23**）。数値解析法には幾つかの種類があるが、時間領域と周波数領域のどちらで計算するかにより大きく２つに分類される（**表3-1**）。

現実の問題を数値解析法で解くには、対象となる構造を解析モデルに置き換える必要があり、これにはソフトウェアに内蔵されたモデリング機能で作成する方法と、CADツールから形状データをインポートする方法がある。航空機や艦船のような複雑な形状では、モデルを作成する手間を省くため、インポートする方法が多く用いられる。

現実の構造を解析モデルに設定したら、次にシミュレーションを実行するための手順として、まず解析モデル及びこの周囲の空間を離散化する（「メッシュに切る」などという）。この作業は、多くの商用ソフトウェアの場合、自動化

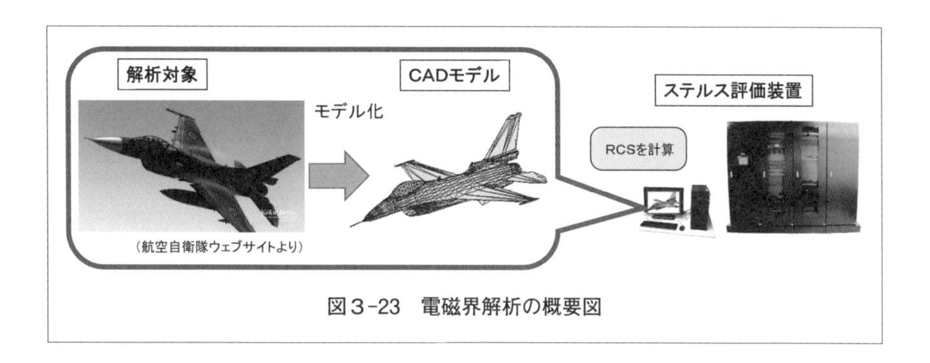

図３-23　電磁界解析の概要図

されているが、精度を高めるために手動で調整することも行われる。こうして得られた解析モデルに対しソフトウェアは行列方程式を生成し計算を実行する。

表３-１　解析手法の分類

時間領域の解析法	周波数領域の解析法
FDTD法	モーメント法
TLM法	MLFMM法
FIT法	有限要素法 PO法

周波数領域の計算では、１周波数に対する応答（反射電磁界）が得られ、これよりRCSが算出される。特定の周波数帯域におけるRCSの変化を観測するには、計算を繰り返して周波数特性を求める必要がある。

時間領域の計算では、所望の周波数帯域を含む入射波の時間信号をソフトウェア内で生成し、この信号を解析モデルに照射して反射の時間信号を計算し、これをフーリエ変換し指定した周波数範囲の応答（反射電磁界）成分を求めRCSが算出される。

現実の構造を簡略化して解析モデルを作成した場合は、その時点で誤差を含むため、そのシミュレーション結果は、真の結果に一致することはないが、反射や散乱等の効果を示す特徴がモデルに漏れなく表現されていれば、いずれの解析法も真の値に収束することになる。また、同じ問題を時間領域と周波数帯域でシミュレーションして結果を比較することで収束の確認ができる。

ところで、商用の電磁界シミュレータの解説等で一般に、時間領域の解析は周波数領域のそれに比べ、未知数の数が多くなる大規模問題の解析が可能であるなどの利点が多く、これに対し周波数領域の解析は小規模で低周波問題に適しているなどといわれている。しかし、時間領域解析法であるFDTD法[iii]により小型戦闘機クラスの問題を扱うと、解析要素の数が大きく桁違いの計算時間を要し負荷が大きいことがわかる。これに対し、周波数領域解析法の一種であるPO法[iv]は、FDTD法に比べて計算負荷が少なく現実的な時間で計算が完了することが多い。このように電磁界シミュレーションについて一般的にいわれていることは、RCS解析に際しては必ずしも成り立たないことがあるので注意したい。

いずれにしても、これらの解析手法には計算精度と計算機負荷に関し、それぞれ長所と短所がある。このため、解析対象及び解析目的に応じた計算手法を選択の上、解析が実施されている。

飯岡支所のステルス評価装置の研究試作では、時間領域の手法としてFDTD法を、周波数領域の手法としてPO法、モーメント法[v]、MLFMM法[vi]を備えている。

3.5　RCS計測評価の課題

静的RCS計測において、高いステルス性能をもつ装備品や、RCSがより小さな目標物を計測しようとすれば、やはりクラッタ抑圧が今後も課題となるであろう。例えば１％の精度で計測するならば、受信信号対雑音比20dBが必要となるが、受信信号が小さいほど厳しい抑圧対策が求められる。併せて送受信システム全体の低雑音化も必要になるであろう。

---

iii)　FDTD法：Maxwell方程式を、時間的、空間的に離散化し、時間に対する漸化式にすることで数値解を求める手法

iv)　PO法：散乱体表面に入射電磁界に応じた電磁流が誘起されるものと仮定し、これを積分して電磁界を求める高周波近似解法

v)　モーメント法：散乱体表面を離散化し、表面電流に対する積分方程式を解くことにより電磁界を求める数値解析法

vi)　MLFMM法：マルチレベル高速多重極展開法、周波数領域の電磁界解析手法であり、モーメント法の高速化手法の一種

送受信アンテナには固定式のパラボラを使用することが多いが、クラッタを抑圧しようと高利得なアンテナを使用すると、主ビーム内の利得の方位角特性（振幅テーパ）による計測誤差が心配になる。ビーム成型技術によりテーパを局限したアンテナを適用することでビーム中央と端部からの受信利得を均一に近づけることができる。

また、計測精度には直接関係しないが、気象の影響を受けることなく屋外の計測作業が安全に効率よく進められることが重要である。そのためには、一度パイロンに搭載した大型の目標物を強風予報の度に下ろさなくて済む防風設備が必要である。計測時には覆域外に退避し、強風時に自走移動してパイロンごと覆う保護シェルタや、強風時にパイロンを地下に格納する昇降式パイロン等が考えられる。どちらも大型の設備になるが、クレーン作業を繰り返す必要がなくなり非常に有効である。

動的RCS計測においては、送受信電力補正機能に関してオンラインでリアルタイムに補正できることが望ましい。これにより、計測評価の効率が格段に向上するであろう。また、送信電力の関係で実施場所が限られ海上に向けて送信するため、前述の様に沿岸部へ輸送展開する必要がある等、大掛かりな計測試験になる。このため、静的RCS計測と比較して経費も人手も必要となり、部隊等からの計測要望に迅速に対応するためには、省力化の工夫が求められる。

電磁界シミュレーションについては、戦闘機や護衛艦等の大規模計算が短時間で結果を出せるようになることが関係者共通の願いである。精度を犠牲にすることなく解を得るための研究が現在も続けられており、今後の解析手法の改善に期待したい。ところで、解析モデルを作成する作業において、CADツールから形状データをインポートする際に、CADツールの種類によっては互換性が乏しく、インポート時にモデル構造が乱れることが多い。この修正は手動で行わなければならず相当の手間を要し、業務に支障をきたすことになる。人手不足の中でも効率よくインポート作業が進められるよう改善が望まれる。

ここでは、RCS計測評価技術について、RCSの定義から最近のRCS計測評価の事例を踏まえた静的及び動的計測技術と電磁界解析技術について紹介した。

RCS計測評価は、その精度を幾ら高めても、敵機を早期発見することも直接打撃を与えることもできない、防衛技術の中では地味な分野といえる。では、何のためにRCS計測が必要かを改めて考えれば、それは相手センサへの我の映り易さを知り、より安全な行動を選択可能にすることで残存性を高めるためであろう。よって、RCSの数値の大小にだけこだわるのでは意味がなく、その相手がレーダやミサイルシーカであることを忘れてはならない。探知に使われるセンサの信号処理やアンテナ動作、そして目標たる我自身の動作を考慮した上で評価されるべきものと考えている。RCSを制御するステルス対策は、自己防御技術であると同時に相手センサを欺くパッシブな電子戦技術であるといえる。本内容が、RCS計測評価の理解の一助となれば幸いである。

第４章

高エネルギー関連の先進技術

1. 高出力マイクロ波（HPM）によるドローン対処

1.1 HPMとは

マイクロ波は電磁波の一種であり、波長が比較的短い1mm～1m程度（周波数が0.3～300GHz）の電波のことである。家の中を見回しても電子レンジやスマートフォン、Wi-Fi、Bluetoothなど、現代の生活にはなくてはならないほど身近な物に使われているが、目には見えず普段その存在を意識することはあまりない。ところがもっと強力なマイクロ波を電子機器に当てると、機器内部の素子や回路に異常な電圧や電流が生じ、これらが一定の大きさを超えると機器が誤作動を起こしたり、故障したりする。この原理を使えば、脅威となる航空機やミサイルに対し遠方から高出力のマイクロ波（HPM：High-Power Microwave）を照射して無力化することができる。

強力なマイクロ波を軍事的な攻撃に利用するという発想はかなり昔からあり、我が国でも先の大戦中に複数の研究が進められていた。そのうちの一つは「く号兵器」と呼ばれ、怪力（くわいりき）電波の頭文字から名づけられた[4-1]。この怪力電波（または怪力光線）とは戦前からSF小説などで空想上の未来兵器として使われていた言葉で、極めて強力な電磁波のビームを意味していたようだ。この兵器は、当時本土空襲を行っていたB-29爆撃機（**図4-1**）[4-2]や、戦車戦で苦戦を強いられていたM4戦車等の電気回路

図4-1　B-29爆撃機[4-2]

を焼損し無力化し得る超兵器として期待された。近距離で実験動物を殺傷する程度の出力が得られたようであるが、当時の技術力では更なる高出力化は極めて困難であったうえ、戦時下での物資や電力の不足もあり、完成を見ることなく終戦となった。

1.2　ドローンの脅威

近年、世界各地の戦闘で新たな脅威として現れたのがドローンとも呼ばれる自律性のある無人航空機（UAV）である。ドローンは民間においてこの10年の間に急速に発展・普及しており、その技術的な基盤となっているのは、小型で高性能かつ安価なモーター、バッテリー、通信機、GPS（GNSS）受信機、各種センサ、カメラ、制御回路などであり、同時期に普及したスマートフォンに使われる技術ともかなり重複している。諸外国では、こうした入手が容易でかつ優れた民生品の技術を使うことで、高性能でしかも安価な兵器としてのドローンがここ数年で次々と開発されており、ドローンを偵察や攻撃などの軍事目的に利用した事例が数多く報道されている。

こうしたドローンを軍事目的に活用すると、安価で無人であるため撃墜リスクを恐れず様々な場面で投入できるほか、小型のものは軽量で操作も容易なことから一人での運用も可能であり、偵察や攻撃の手段としてあらゆる場所で頻繁に用いることができる。さらには既存の航空機やミサイルなどに比べ小型で低速なためレーダや光波センサにも捕捉されにくく、現状ではその探知や対処が難しいとされており、まさに従来の戦闘を一変させるゲームチェンジャー兵器となっている。中でも、爆薬を搭載して突入してくる自爆型ドローンを同時に多数用いて、“群れ”として一斉に攻撃を行うスウォーム攻撃は今後大きな脅威になるおそれがある。ドローンのスウォーム飛行のイメージを**図4-2**に示す[4-3]。

このようなドローンは価格が安く一度に大量に使えるため、一つ一つをミサイルなどで撃ち落としていたのでは、いずれ間に合わなくなるか、こちらの弾

図4-2　ドローンのスウォーム飛行[4-3]

が尽きてしまう懸念がある。こうした脅威となるドローンに対処する切り札として期待されているのがHPM技術であり、多数のドローンを瞬時にかつ弾切れがなく撃ち落とすことができる。HPM装置から放射される広がりを持ったマイクロ波のビームをドローンの群れに照射し、密集して飛行するドローンを複数同時に無力化できると見込まれている。この装置は弾を必要としないため、使用する際のコストは電気代または発電機の燃料代だけで、弾と比較して非常に安く済むほか、弾切れもなく電源のある限り連続して撃ち続けることができる。

表4-1　HPMと高出力レーザの特徴（イラストは令和３年版防衛白書より）

	高出力マイクロ波（HPM）	高出力レーザ
ビーム	広い　⇒ビームが広がる範囲内で同時対処可能	細い　⇒ピンポイントで対処
対処時間	瞬間的に効く	秒単位の照射が必要
走査	フェーズドｰアレイアンテナによる電子的走査が可能（広範囲を瞬時に対処）	機械式
効果対象	電子機器を誤作動・故障	物体表面から内部へ熱的損傷 ⇒電子機器を搭載しない砲弾等にも有効

HPM装置と同様に弾切れなく安価にドローンに対処し得る装備として高出力レーザが挙げられる。HPMと高出力レーザはともに強力な電磁波を脅威対象に当てて無力化する指向性エネルギー兵器と呼ばれる。HPMは電波により脅威対象の電子機器を誤作動・故障させるが、高出力レーザは強力な光により対象物の表面に熱を与えることで損傷・破壊する。双方の特徴を**表4-1**にまとめている。

1.3 HPM技術について

マイクロ波を英語に訳すとマイクロウェーブ（microwave）であるが、英語でマイクロウェーブと言えば一般にはマイクロウェーブ・オーブンすなわち電子レンジを指す。電子レンジは食品の加熱用に広く使われていて、マイクロ波が食品中の水分子に作用し熱に変わる原理を利用している。電子レンジ内でマイクロ波を発生させる装置はマグネトロンと呼ばれる比較的単純な構造の真空管（電子管）であり、100年ほど前にアメリカで発明されたものだ。マグネトロンは真空管内で放射した電子ビームを磁石による磁界で回転させ、そのエネルギーを高周波の電磁波に変換して取り出している。軍事用にはレーダの電波源として古くから使われていた（**図4-3**）[4-4]。家庭用の電子レンジでは500～1,000W程度の連続したマイクロ波を発生させる。より強力なマグネトロンは、各国のHPM装置にもマイクロ波発生源として使われていると考えられるが、詳細は明らかにされていない。

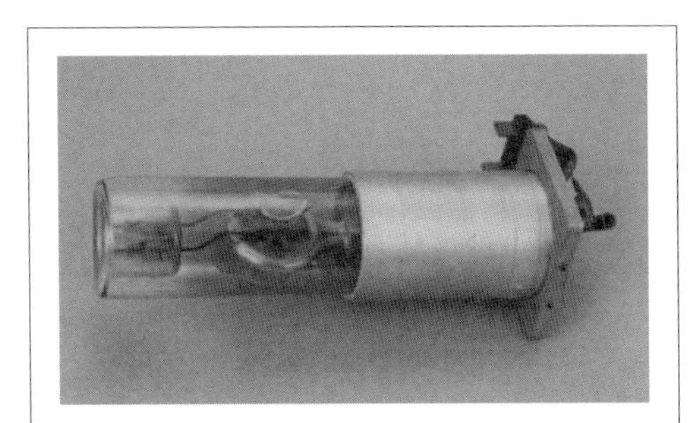

図4-3　旧日本海軍のレーダに使用されたマグネトロン[4-4]

その他のHPM発生源としては、クライストロン、バーカトール、進行波管（TWT：Traveling Wave Tube）、後進波発振器（BWO：Backward

図4-4　ロシアのRanets-E（上）[4-5] および米国のLeonidas（下）[4-7]

Wave Oscillator）などがあるが、これらはいずれも強力な電子ビームを用いてkW級からGW級の高出力なマイクロ波（HPM）を発生させることができる。2001年に公開されたロシアのHPM装置であるRanets-E（ラネッツE）は500MWのパルス波を発生し、数十km先の航空機やミサイルを無力化できるとされる（**図4-4上**）[4-5]。そのマイクロ波発生源としてBWOを用いている可能性が指摘されている[4-6]。最近ではHPMの発生源として高出力の半導体増幅器を用いた移動式の装置も登場している。2021年に米国で発表されたLeonidas（レオニダス）はその一例である（**図4-4下**）[4-7]。半導体には高出力で高周波での動作が可能な窒化ガリウム（GaN）等が使われるが、前述の電子ビームを使った装置に比べると、非常に小型で効率が高い反面、一つの増幅器当たりの出力は数100Wから数kW程度と小さいため、これらを多数束ねて用いることで高出力のマイクロ波を得る必要がある。

ドローンなどにHPMを照射すると、搭載した電子回路にマイクロ波が作用し、誤作動を起こすことができる。ドローンが誤作動を起こすか否かは、周囲のマイクロ波の強さ（電界強度）、周波数などHPM装置側の諸元や装置からの距離によって変わるほか、ドローンの外殻の材質、電磁干渉対策の有無など照射対象側にも大きく依存する。ここで電界強度について簡単に補足する。HPMビームを照射されたドローンなど対象物の周囲におけるマイクロ波の強さを表す値で、**図4-5**に示すように①HPM装置が発生させるマイクロ波の出力、②放射されるマイクロ波ビームの指向性および③装置から照射対象までの距離によって概ね決まる。厳密には途中の損失等を考慮する必要がある。一般の電子機器にとっては、電界強度100V/m以上で周波数0.2～5GHz程度のHPMが脅威になるとされている[4-8]。市販のドローンもこの範疇に含まれると考えられる。

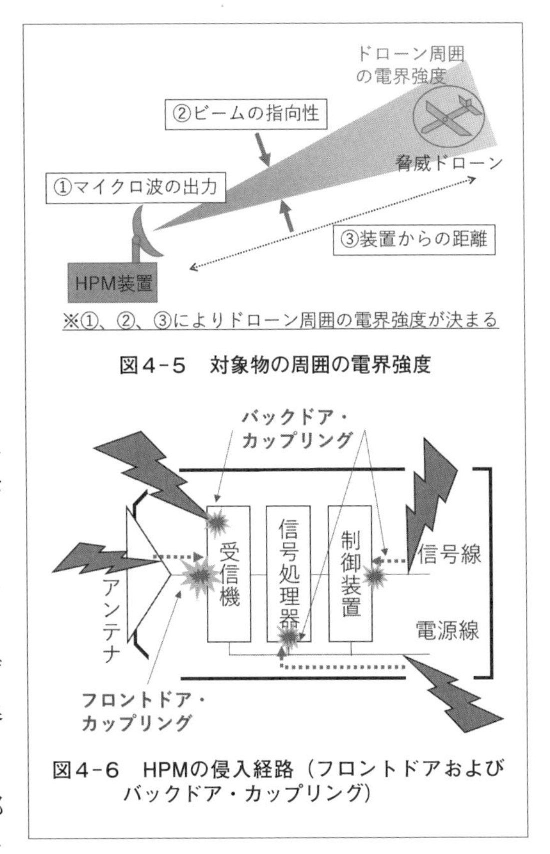

図4-5　対象物の周囲の電界強度

図4-6　HPMの侵入経路（フロントドアおよびバックドア・カップリング）

また、ドローンに限らず航空機やミサイル等の兵器には、無線通信、レーダ、GPS、電波高度計など、外部から電波を受信するためのアンテナや受信機が搭載されている。こうしたアンテナからHPMを侵入させ内部機器を損傷／誤作動させることをフロントドア・カップリングという。フロントドア・カップリングを行うにはHPMの周波数を受信機側の周波数と概ね一致させる必要がある。これに対し、HPMがアンテナ以外の他の入り口や隙間などから侵入することをバックドア・カップリングと呼ぶ。一般にバックドア・カップリングにより内部機器を損傷／誤作動させるには、フロントドア・カップリングの場合よりも強い電界強度が必要となる。**図4-6**にフロントドアおよびバックドア・カップリングの概略を示す。

軍用機器に対するHPMの効果については、2004年にスウェーデンの装備庁

図4-7　スウェーデンのマイクロ波試験設備[4-10)]

及び研究所が発表した「HPMに対する電子システムの影響度」というタイトルの論文にHPM照射実験の結果概要が記載されている[4-9)]。実験に使用したHPM装置は、L帯(1.3GHz)からKu帯(15GHz)までの周波数が異なる5つの装置で、照射対象はミサイル、データリンク装置、軍用無線機、車両、コンピュータ等である。この論文によると、軍用機器に対してバックドア・カップリングによる誤作動を起こさせるには、最低でも数100V/mの電界強度が必要であり、S帯（2～4GHz）より高い周波数帯のHPMではさらに強い電界強度が求められることも示唆している。**図4-7**には実験に使用したHPMを発生する試験設備の外観[4-10)]を、**表4-2**には軍用機器の故障／誤作動に必要な電界強度[4-9)]を示す。

表4-2　軍用機器に対するHPMの効果[4-9)]

効果（影響度）	侵入経路	必要な電界強度
誤作動 （人手による復旧作業が必要）	フロントドア	数100V/m以下
	バックドア	数100V/m（LおよびS帯）
故障 （部品交換が必要）	フロントドア	約2kV/m
	バックドア	15～25kV/m（LおよびS帯）

また、2017年に公表された米空軍大学の修士論文では、HPMによる無人航空機に対する影響を分析しており、搭載された電子機器へのバックドア・カップリングによる影響について、人手による復旧作業が必要な誤作動を起こす電界強度として8kV/m、部品交換が必要な損傷を与える電界強度として15～20kV/mとする記述がある[4-11)]。いずれにせよHPMによる効果を正確に見積もるためには、電界強度だけでなく他の要素も考慮に入れる必要がある。

図4-8はドローンに対するHPMの効果を見積もるため、当研究室の宮元幸一郎研究員が実施した電磁界解析シミュレーションの結果である。全長30cm

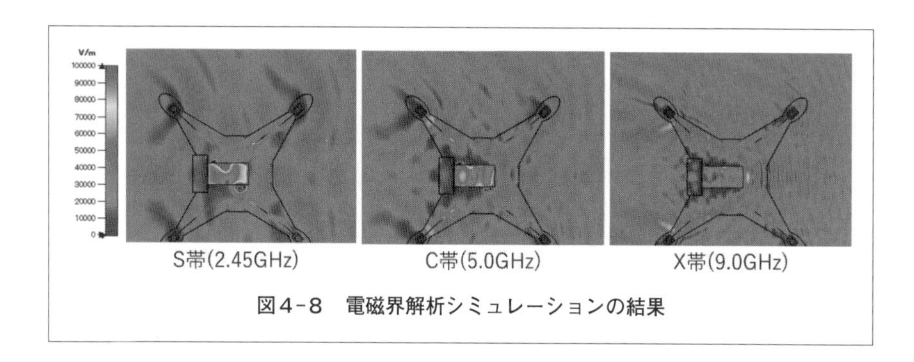

図4-8　電磁界解析シミュレーションの結果

程度のサイズの小型ドローンに周波数の異なるHPMを照射した際の、ドローン内外の電界強度を色分けで示している。マイクロ波がドローンの外殻や構成品によって屈折や反射を繰り返すことで、ドローンの内部に外界より強い電界が生じていることがわかる。この傾向はＳ帯(2.45GHz)の方がより顕著であり、Ｓ帯以下の低周波なマイクロ波でより高い効果があるとする先ほどの文献の記述を裏付ける結果となっている。なお、解析ソフトにはCST Studio Suiteを使用した。

1.4　各国の研究開発状況

(1)　米国

各国ではドローン等の無人機対処を目的としたHPM装置が開発されている。米国ではレイセオン社が開発したPhaser（フェイザー）（**図4-9左**）[4-12]と空軍研究所AFRLが発表したThor（トール）（**図4-9右**）[4-13]が有名である。これらはいずれも20フィートコンテナの上部に可動式の大型アンテナを備えた外観を有しており、マイクロ波発生源はマグネトロン等の強力な電子管と推測される。Phaserは米軍の演習において一度に２～３機、計33機の小型ドローンに対処したとされる[4-14]。米国では最近新たにGaNの半導体増幅器を用いたHPM装置のLeonidas（レオニダス）が発表されている[4-15]。この装置は増幅器と一体化した小型のアンテナ素子を平面状に並べたアレイアンテナを構成す

図4-9　米国のPhaser（左）[4-12] &Thor（右）[4-13]

図4-10　C-UAS用のドローンMorfius[4-16]

ることで、電子走査によりマイクロ波ビームを任意の方向に指向することが可能である。

米国はこれまで実現している地上配備型HPM装置の射程を明らかにしていないが、例えば攻撃型ドローンに搭載された射程が10km以上もある小型誘導爆弾には無力である可能性が高く、その場合は従前の対空ミサイル等の火器で対処せざるを得ない。そこで小型のHPM装置をドローンに搭載し、離れた場所から発進した後、敵のドローンやその群れに接近して無力化する対無人航空システム（C-UAS）用のドローンも登場している。**図4-10**にC-UAS用にHPM装置を搭載した米ロッキード・マーチン社のMorfius（モーフィアス）の外観を示す[4-16]。小型のHPM装置ではその出力が限られるが、照射対象である相手のドローンに接近してから照射することで無力化に必要な電界強度を確保することができる。

(2) ロシア

ロシアにおいて開発されたRanets-Eは、大型車輌に搭載された移動式のHPM装置であり、先述のとおりHPM発生源としてはX帯で500MWを発生するBWOを用いているとされる。アンテナは、パラボラアンテナを用いているので、電子走査ではなく機械回転方式のシステムである。この装置はドローン対処用ではなく、飛行する航空機やミサイルを長射程で対処することを目的としている。ただし、発表から既に20年以上も経過しているが、これまで実戦での成果等は報告されていない。また2015年にはロシア国有企業が開発したMicrowave Cannon（マイクロ波砲）と呼ばれるHPM装置が展示会に出展されている[4-17]。こちらはドローン等に対して約10kmの射程があるとされる。

(3) 日本

防衛装備庁の次世代装備研究所では高効率・高出力な小型の進行波管（TWT）を用いた増幅器を多数束ねることで屋内実験用のHPM装置を実現している（**図4-11**）[4-18]。公表されている最新版の性能としてマイクロ波の周波数はX帯、有効放射電力は数百MW以上[4-19]であり、装置から数m～十数mの距離でドローン対処の検証に必要な電界強度が得られる計算である。次世代装備研究所では、この装置等を使って様々なタイプのドローンに対するHPMの効果を検証する実験を行っており、一部の映像は公開されている[4-20), 4-21]。

図4-11　屋内実験用のHPM装置[4-18]

HPM装置の構想は防衛省技術研究本部の電子装備研

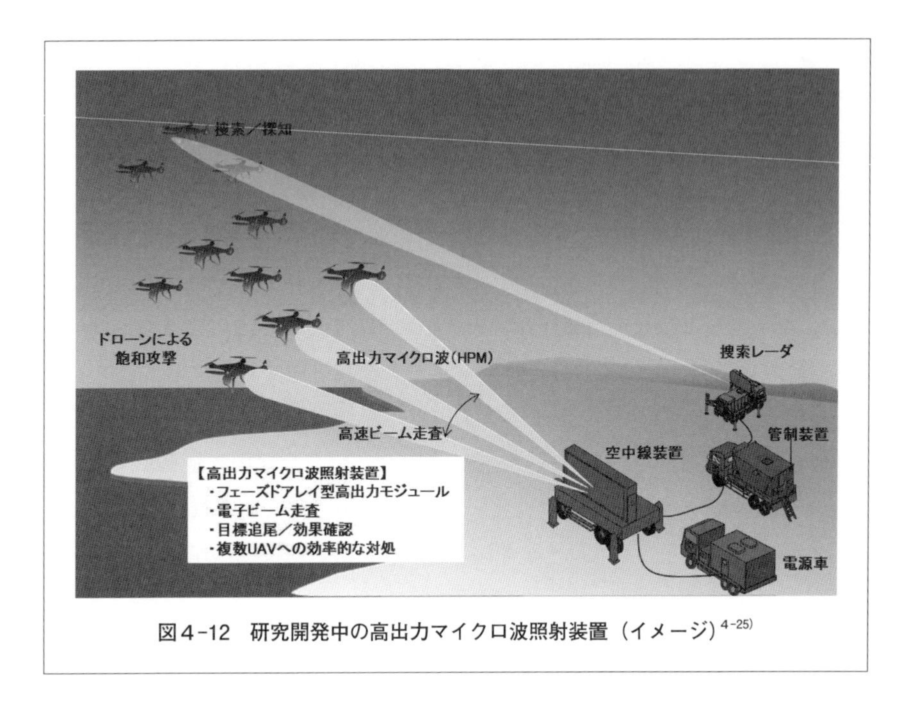

図４-12　研究開発中の高出力マイクロ波照射装置（イメージ）[4-25]

究所（当時）において10年以上前から検討されていたが、当時はドローンの脅威も今のようには顕在化しておらず、ミサイル対処を念頭に置いた基礎研究を行っていた[4-22), 4-23)]。他方、海外ではこの10年の間に安価なドローンを偵察や攻撃等に軍事利用すべく開発が進められ、近年は実際に戦闘で活躍した事例も多数報告されている。2020年にアゼルバイジャンのナゴルノ・カラバフ地域で起きたアルメニア軍との軍事衝突では、アゼルバイジャン軍がイスラエル製やトルコ製の攻撃型ドローンを効果的に使うことで戦局を優位に進め、占拠されていた領土の多くを掌握するなど戦果を挙げた[4-24)]。これは正規軍同士の戦闘においてドローンが本格運用された初めての事例であり、各国がドローンの有用性をはっきりと認識するきっかけになった。こうしたドローンの脅威に対処する必要性が急速に高まったことを受け、防衛省・防衛装備庁では2022年より新たな研究開発事業を開始し、ドローンによる飽和攻撃に対処可能な屋外実証用のHPM装置の早期実現を目指している（**図４-12**）[4-25)]。

2022年２月に始まったウクライナにおける戦闘においても、さまざまなドローンの活躍が伝えられている。主にウクライナ側の情報によると、戦車やトラックなどの車両に対する攻撃に軍用の攻撃型ドローンや小型の爆弾を搭載した民生品のドローンが用いられているほか、地上戦における重要な火力である榴弾砲などの火砲による攻撃においては、目標位置を特定し砲弾を誘導するのに民生品を含めた各種のドローンによる偵察・観測が威力を発揮しているようだ[4-26]。

対するロシアは対ドローン装備として先述のHPM装置だけでなく、過去の戦闘で幾度か使用が伝えられたドローンの通信を妨害し得る装置も多数保有している。今回それらの活動がほとんど聞こえてこないのは、ドローンの急増に対処する装置の数量が全く追い付けていないとか、ドローンの探知に問題があるといった指摘もある[4-27]が、その実態を慎重に見極める必要がある。

先に述べたようにドローンは入手容易な民間の技術を使うことで、次々に新しいものを安価にかつ大量に導入することができる。対するHPM装置は民間での技術発展があまり期待できず装備品も高価になりがちである。米国のPhaserやThorのように比較的大型なHPM装置は、重要な施設や装備を守り抜くといった観点で一定の需要があることに疑いはない。しかしながら、あらゆる戦場において神出鬼没のドローンを駆逐していくには、より安価で小型軽量な装置等によって実現される、大量に投入が可能で機動性に優れた対ドローン装備が必要になるであろう。

2. 高出力レーザシステム技術

2.1 レーザ兵器

レーザは1960年に初めてレーザ発振が行われて以来、発展を遂げている技術の一つであり、レーザを利用した産業や製品が私たちの身の回りに溢れ、生活に欠かせない技術になりつつある。一方で、レーザ兵器は軍事の面でも各国が装備化を目指して研究開発を進めているなど大きく飛躍を遂げており、2021年9月に米海軍所属の駆逐艦Deweyが横須賀港に入港した際に、レーザ兵器を搭載していることが話題となった[4-28]。

アニメやゲーム、SFの世界で敵が操るロボットや巨大怪獣、地球を狙う異星人などに至るまで、様々な強敵を撃退する活躍を見せた高出力レーザは、今や活躍の場を現実の世界へと移そうとしている。

本節はレーザの概要、防衛装備庁にて実施している研究試作についての紹介、諸外国における高出力レーザの現状、最後にまとめの構成となっている。

2.2 高出力レーザの概要

(1) レーザの原理

初めにレーザ発振の原理について簡単に述べる。レーザは簡素化すると、レーザを生じさせやすい原子を含む「レーザ媒質」と、レーザ媒質に外部からエネルギーを与える「励起部」、全反射ミラーと前者に比べてわずかに反射率が低いミラー（以下、「低反射ミラー」と表記する）からなる「光共振器」の大きく三つの要素で成り立っている装置で発生する。**図4-13**にその概要を示す。

レーザ媒質内の基底準位に存在する原子に対して、励起部から光などの励起エネルギーを加えると、原子はエネルギーを吸収して、より高いエネルギー準

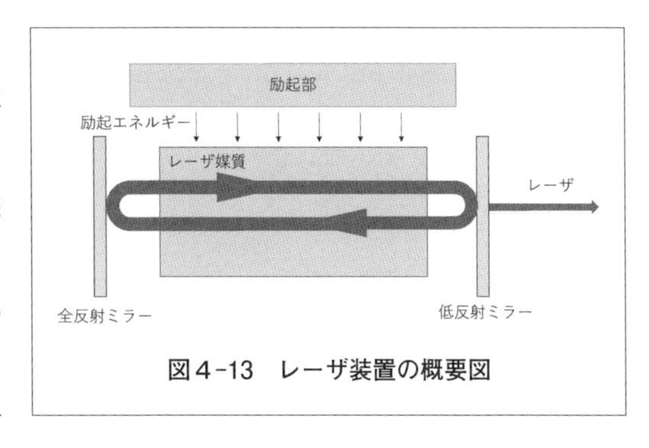

図4-13　レーザ装置の概要図

位に遷移し励起状態となる。原子は短い時間の間、励起状態を維持するが、励起状態は原子にとって安定した状態ではないため、しばらくすると光を放出しながら下位のエネルギー準位に下りる。これを自然放出と呼び、放出する光は原子が下りたエネルギー準位の差分と等しいエネルギーを有している。

一方で、励起状態の原子が存在している際に、特定の波長を持つ光が入射すると、原子は入射光に刺激され、光を放出しながら下位のエネルギー準位に下りる。この現象を誘導放出と呼び、誘導放出により生じた光は刺激した入射光と同一の進行方向や位相、波長を有するという特徴を持つ。

この励起とそれぞれの放出について**図4-14**に示す。

しかしながら、投入する外部エネルギーが小さい場合を考えると、レーザ媒質中のエネルギーは、基底準位の原子に吸収されて励起状態となることに大多数が使われてしまうため、レーザ発振を行うには、エネルギーの吸収よりも放出の割合が支配的とならなければならない。これを満足するには、より多くの励起エネルギーを与えることで、基底準位の原子が次々と励起状態となり、ある瞬間から、下位のエネルギー準位よりも高位のエネルギー準位に存在する原子の数が上回った状態、つまりは吸収と放出の割合が反転した状態とする必要

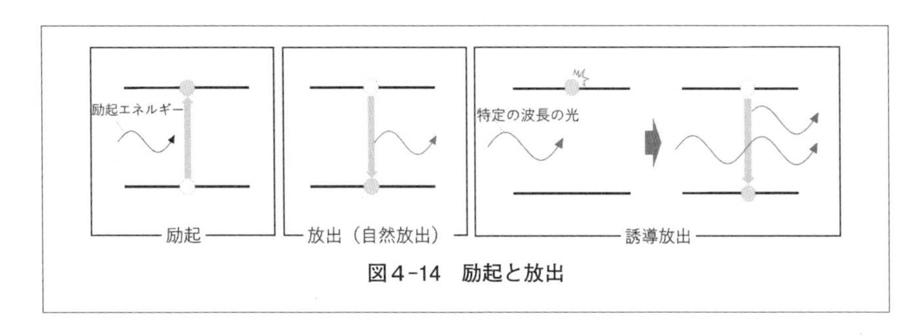

図4-14　励起と放出

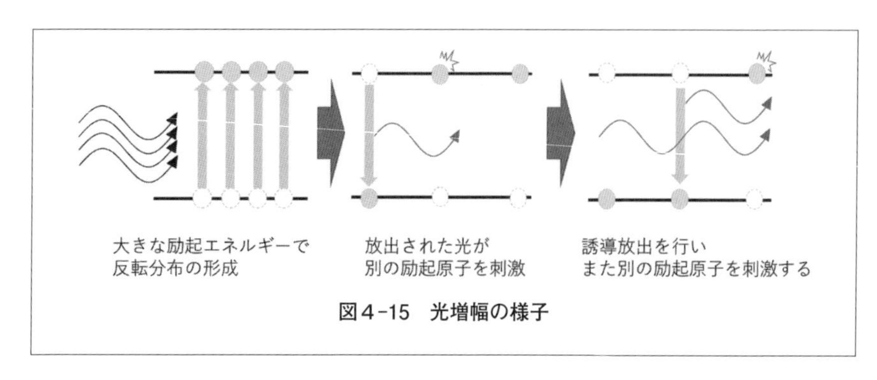

図4-15　光増幅の様子

がある。この状態を反転分布と呼ぶ。

反転分布が形成された状態で誘導放出が生じると、**図4-15**に示すように誘導放出光自身が別の励起原子を刺激して更なる誘導放出を誘起し、雪崩式に光が放出される。このことから、光共振器のミラー間を何回も往復を重ねるうちに、光共振器内では誘導放出光が重なり合って増幅することで非常に強い光が形成される。その光の一部を低反射ミラーから取り出したものがレーザと呼ばれる。

レーザは、Light Amplification by Stimulated Emission of Radiationの頭文字を取ったLASERと表記され、日本語にすると「誘導放出による光増幅」となり、上記で説明した内容が集約されている。

誘導放出によって生じたレーザは単一波長で指向性の高い光であり、これはレンズなどによる集光性が高いということを意味している。そのため、光が小さな一点に集光されると、その集光点で非常に高いエネルギー密度が形成され、物質を融解させることや、爆薬の発火点に到達させることも可能である。

(2)　高出力レーザの利点

高出力レーザを防衛用途として活用するうえで、様々な利点が存在する。

一つ目は脅威の対処にかかるコストが非常に安価という点である。レーザは電力を消費して照射を行うため、一回の照射にかかるコストは数百円の電気代のみとなる。近年、安価で高性能な無人機が通販サイト等で簡単に手に入るようになっており、数万円から十数万円程度の民生品の無人機をそのまま利用して偵察任務に流用可能であることが考えられるほか、爆弾を外装または機体内部に爆薬を搭載し、基地などの重要拠点への攻撃に利用する事例も報告されている[4-29]。これらを対処する際に1発あたり数百万、数千万円以上のミサイル等で対処を行うとコストが非常に大きくなってしまうことに加えて、ミサイルの数にも限りがあるが、レーザで対処を行う場合を考えると、安価に対処可能であり、また、節約したミサイルを他の目標に使用することも可能となる。

二つ目は、瞬時対処性を持つという点である。ミサイルや弾丸は脅威目標を対処する際に、目標の対処まで飛しょうする分の時間が必要となるが、レーザのエネルギーは目標に対して光の速さで到達するため、照射と同時に対処開始となり、対処完了後はすぐさま次の目標に対して照射が可能となる。

三つ目は高い直進性を持つというレーザの特性上、脅威目標の対処に失敗したとしても、そのまま曲がることなく直進するため、地上の家屋等に対してレーザによる二次被害が発生しないという点である。

四つ目はパワーコントロールを行うことで、目標の破壊以外にも、小型ボート等に対する威嚇照射や、無人機が搭載している光学センサまたはカメラ等に対する妨害が可能となることである。センサ等に対する妨害は目標破壊に必要となるエネルギー密度よりも小さいもので十分であるため、意図的に照射範囲を拡大して複数センサへの妨害という使用方法も可能と考えられる。

(3) 高出力レーザに必要な技術

防衛用途のレーザに必要な技術としては、主に物体を破壊する能力に関わる技術と、km単位で離れた目標に対して、破壊に至るまでレーザを当て続けることが可能な追尾技術の二つが重要である。

破壊に関する技術で求められる要素が、高出力化と高い集光性の達成である。

防衛用途として要求されるレーザの出力は民生用途のものと比べると、過分に高いものであり、迫撃砲弾や各種小型無人機の対処には数kW～約100kW、音速を超えるようなミサイルの対処に必要な出力は数百kW～MW級とされている[4-30)]。このことから、民生品のレーザをそのまま転用するのでは出力的に不十分であるため、防衛用途として独自に高出力化を行う必要がある。

また、破壊に至るまで対処目標に必要なエネルギーを投入し続けなければならないため、目標を効率よく対処するには、高いエネルギー密度を達成することが必要不可欠であり、そのためには目標上でレーザ光を小さい面積で集光する必要がある。レーザの集光性を表す指標として「ビーム品質」というものがあり、M^2と表記される。これは、理想状態を$M^2=1$をとして、最も小さい面積で集光可能な状態を表し、数字が大きくなるほど品質劣化（ビーム径の広がりやすさ）の度合いが大きくなることを表している。また、高出力化と高ビーム品質を達成する必要があると述べたが、レーザを高出力化していくと、発生する熱に起因してビーム品質が劣化する問題が生じる。このような関係性から、目標とするエネルギー密度を達成するには、高出力化と高ビーム品質をどのようにして両立させるか、ということが大きな課題となる。

高出力化と高ビーム品質の両立を達成したとしても、移動する目標に対して、正確に照射を行うことができなければ、破壊に至るまでに必要なエネルギーを投入することができず、防衛用途としては成り立たない。そのため、わずかな誤差しか許さない精密な追尾が求められる。

仮に1 km先の目標に対して半径5 cmのスポットにレーザ照射を行うと考えると、50 μrad（約0.003度）という追尾精度が求められ、なおかつ移動している目標に対して、この精度を達成しなければならない。さらに照射の距離がkm単位で長くなればなるほど、照射スポットの大きさも距離に応じて大きくなるため、より精密な精度が求められる。

2.3 防衛装備庁における取り組み

防衛装備庁では、1975年より試作を行ったCO_2レーザが最高出力10kWを達成するなど、高出力レーザの研究を長年続けており、これらの研究成果や知見を踏まえて、2010年から2016年にかけて「高出力レーザシステム構成要素の研究試作」の事業を実施した。

この事業では、ヨウ素レーザと呼ばれるレーザ方式を採用して、最大出力50kWのレーザシステムを試作した。ヨウ素レーザは装置規模が大型となることや、化学薬品を使用してレーザ発振を行うため照射回数に制限があること、化学薬品の取扱や管理が必要となる等の課題を有しているが、容易に高出力かつ高ビーム品質のレーザを得ることが可能であり、高出力レーザが防衛用途として実際に成立するかどうかを確認する方式として最適であることから採用し、その評価を行った。

その結果、**図4-16、4-17**に示すように野外試験において、ミサイルの外殻等にも使用されているジュラルミン板に対する破壊効果の取得と、飛行する目標に対して数cm程度の誤差という精密追尾を達成し、高出力レーザは防衛分野において高い有用性があることを確認している。

ここで、図4-17の結果について補足すると、「高出力レーザシステム構成要素の研究試作」の精密追尾には複数の赤外線カメラを使用しており、本項で掲載した画像は一例であるが左側の画像が広角赤外線カメラで捉えた結果と、右側が狭角赤外線カメラで捉えた結果である。

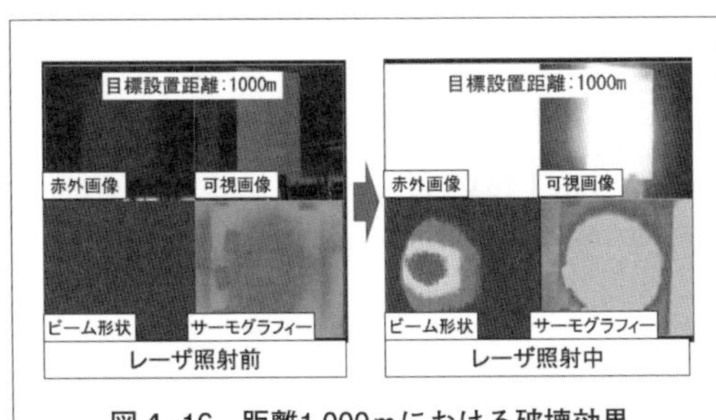

図4-16　距離1,000mにおける破壊効果

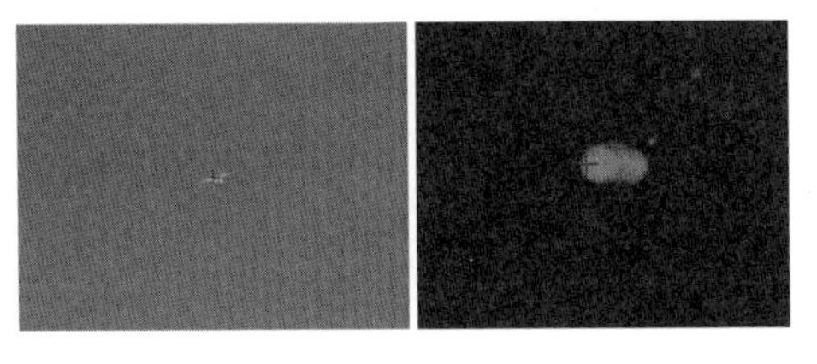

図4-17　飛行目標に対する精密追尾

まず、簡単に追尾シーケンスを述べると、精密追尾では広角赤外線カメラで追尾する目標を捉えたのちに、目標に対して追尾点（図4-17中の赤十字）を設定する処理を実施し、狭角赤外線カメラを併用して、レーザ照射点（図4-17中の黒十字）と重ね合わせる動作を行う。

これらの動作が完了したの

ちに、高出力レーザの照射へと移行する。

この結果を受けて、防衛装備庁では、2018年から「電気駆動型高出力レーザシステムの研究試作」（**図4-18**）を実施しており、迫撃砲弾や小型無人機を対処目標として前回の研究試作よりも更なる高出力化を行い、総出力100kW級レーザシステムの実現を目指している。さらには前述した通り、ヨウ素レーザは化学薬品を使用してレーザ発振を行うため、照射回数に制限があったが、現行の研究試作で採用している電気駆動方式は、その名の通り電気を利用してレーザ発振を行うため、システムへ給電が続く限り連続照射が可能である。また、前項の「(2)高出力レーザの利点」の一つ目で述べたように、高出力レーザは、レーザの照射にかかるコストが電気代程度であるため、数百円ほどで目標対処が可能という高い費用対効果が得られることから、安価な小型無人機を使用する新たな脅威に対しても有効とされるため[4-31]、戦局を一変する可能性を秘めた「ゲーム・チェンジャー」技術として注目されている。

図4-18　電気駆動型高出力レーザの研究試作[4-32]

防衛装備庁は2021年から新たに「車両搭載型高出力レーザ実証装置の研究試作」の事業を実施している（**図4-19**）。こちらは現有の自衛隊車両一台に10kW級レーザを搭載し、小型無人機の対処を目標としている。また、移動等による振動やレーザ照射等による温度変化から生じる

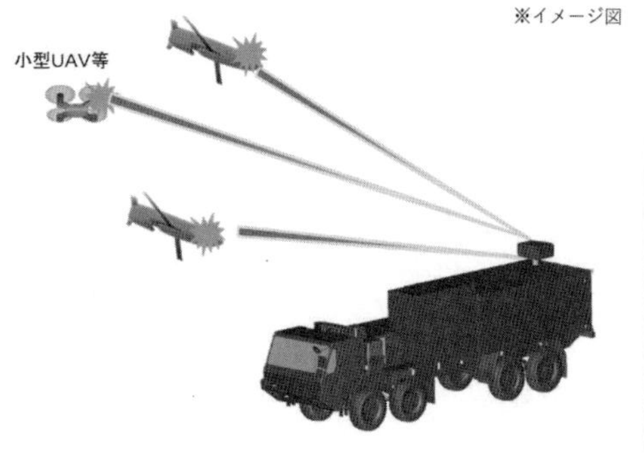

図4-19　車両搭載型高出力レーザの研究試作[4-33]

光学系の歪みを補正する技術の獲得も目標としており、実用化に焦点を合わせた研究開発が進められている。

2.4　国外の動向

ここでは諸外国で実施されている高出力レーザ事業について紹介する。特に、米軍では陸海空でそれぞれ独立したレーザ事業を複数実施しており、中には実際に各種プラットフォームに搭載したうえで、実運用に近い状態で評価を行っている事業も存在する。

・米陸軍

米陸軍で実施されている、MEHEL（Mobile Experimental High Energy Laser）と呼ばれる事業は、兵士達に対して実際に高出力レーザ兵器の運用を経験させることを目的としたストライカー搭載型レーザ事業である（**図4-20**）。2016年に出力2kWで開発されたのちに改良を重ね、2018年時点で出力10kWのレーザを搭載しており、MFIX-19（Maneuver Fires Integration Experiment）では、小型無人機撃墜のデモンストレーションが行われている[4-33]。

図4-20　MEHEL[4-34]

図4-21　HEL-TVD[4-36]

さらに、米陸軍はHEL-TVD（High Energy Laser-Tactical Vehicle Demonstrator）と呼ばれる、100kW級高出力レーザ事業を2017年より行っており（**図**

図４-22　Deweyに艦載されたODIN[4-39]

図４-23　LWSDとレーザ照射により燃焼している小型無人機[4-40]

４-21)、100kW級レーザを使用して様々なデータを取得することが計画されている[4-35]。さらには2020年に300kW級のIFPC HEL（Indirect Fire Protection Capability-High Energy Laser）へと契約が変更され、2024年までに４式のプロトタイプを製造して、部隊配備を行う計画となっている[4-36), 4-37]。

・米海軍

AN/SEQ-4 ODIN（Optical Dazzling Interdictor, Navy）は米海軍によって実施されているレーザ事業の一つである（**図４-22**）。無人機等が保有するカメラやセンサを用いて行われる情報収集、監視、偵察に対抗するために開発されたレーザシステムであり、米下院軍事委員会の報告書によると出力30kWとされている[4-38]。

2020年５月に揚陸艦Portlandに搭載されているLWSD（Laser Weapon System Demonstrator）と呼称されているレーザシステムが、洋上を飛行中の無人機を無力化する実験を行った（**図４-23**）[4-40]。LWSDの出力は公表されていないが、関連するSSL-TM（Solid State Laser-Technology Maturation）というプログラムの中で、出力150kWを目標として計画されている[4-41]。

・米空軍

AFRL（Air Force Research Laboratory）はSHiELD（Self-protect High Energy Laser Demonstrator）と呼ばれるレーザ事業を進めており、高出力レー

ザを搭載したポッドを戦闘機に取り付け、空対空ミサイルや地対空ミサイルを対処目標として開発が進められている（**図4-24**）。飛行試験が2021年に計画されていたが、技術的な問題と世界的に流行している新型コロナウイルスの影響により計画が見直されている[4-42]。

図4-24　SHiELD[4-43]

図4-25　UK DRAGONFIRE[4-47]

・英国

英国はUK DRAGONFIREと呼ばれる高出力レーザ事業を実施しており、50kW級の出力を目標として研究開発を進めている（**図4-25**）[4-44]。2023～2025年に各種プラットフォームに搭載する計画があり、その中で運用と維持管理を焦点とし、高出力レーザが将来の防衛に組み込めることが可能か判断する評価を行うとしている[4-45), 4-46]。

・イスラエル

イスラエルではロケット弾、迫撃砲弾、小型無人機を対処目標とする、Iron Beamと呼ばれる高出力レーザシステムの構想を2014年にシンガポール航空ショーにて発表しており、2022年に野外試験を行い、各種目標に対する効果が得られたという報道が発表された（**図4-26**）[4-48), 4-49]。Iron Beamの目標出力は100kW級とされているが[4-50]、今回野外試験を行ったシステムの具体的な出力は発表されていない。

また、2021年にイスラエル国防省は高出力レーザを軽飛行機に搭載し、飛行中の小型無人機を撃墜するデモンストレーションを行った（**図4-27**）。複数の距離、高度でデータ取得を行っており、今回のレーザ出力に関して具体的な

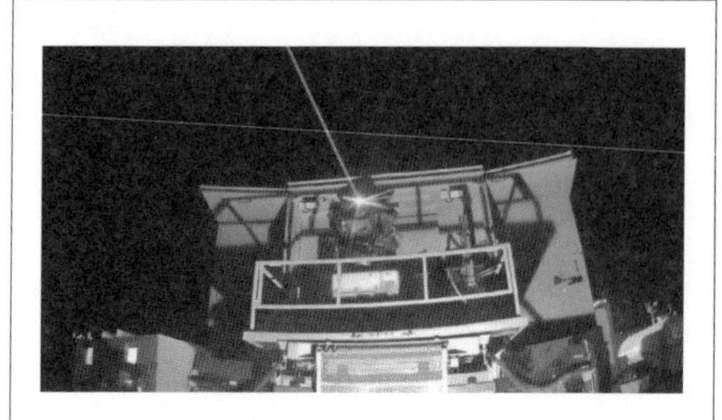

図4-26　Iron Beam[4-48)]

図4-27　レーザシステムを搭載した軽飛行機外観[4-51)]

数値は公表されていないが、将来的に100kWレーザの構築を検討している[4-51)]。

本節では、高出力レーザシステムについてレーザの原理から、防衛装備庁が実施している事業や世界各国において行われている各レーザ事業に至るまでを紹介した。

近年台頭している、小型無人機による攻撃といった新たな脅威に対して、従来の装備品と比べて低コストで対処可能な高出力レーザは、大きな注目を浴びている。

「高出力レーザの概要」の項で示したように、高出力レーザは様々な利点を有する一方で、達成しなければならない要素が多数存在することも事実である。これらは高出力レーザの根幹に関わる要素であるため、具体的な数値が公表されることは少ないが、「国外の動向」の項で紹介したように世界各国において高い水準で研究開発が行われていることが窺い知れる。

また、高出力レーザ事業は、「防衛装備庁における取り組みについて」の項で示したように防衛装備庁においても「電気駆動型高出力レーザシステムの研究試作」と「車両搭載型高出力レーザ実証装置の研究試作」の二つが実施されている。このような将来のわが国の防衛に大きく貢献できる可能性を秘めた高出力レーザは、実現に向けて研究が進められている。

<参考文献>

1－1）令和３年版防衛白書（令和３年） https://www.mod.go.jp/j/publication/wp/
1－2）自動車へのサイバー攻撃の新常識と対応の考察
https://tokiocyberport.tokiomarine-nichido.co.jp/cybersecurity/s/column-detail62
1－3）制御システムのセキュリティリスク分析ガイド補足資料：「制御システム関連のサイバーインシデント事例」シリーズ
https://www.ipa.go.jp/security/controlsystem/incident.html
1－4）研究開発ビジョン～多次元統合防衛力の実現とその先へ～（令和元年８月）
https://www.mod.go.jp/atla/soubiseisaku_vision.html
1－5）防衛装備庁技術シンポジウム2020研究紹介資料、「適応制御ミリ波ネットワーク装置」
https://www-d.mod.go.jp/atla/research/ats2020/slide08_milli.html
1－6）防衛省、「平成31年度以降に係る防衛計画の大綱について」、2018年12月18日.
1－7）防衛省、「研究開発ビジョン　多次元統合防衛力の実現とその先へ」、2019年８月.
1－8）Department of Defense, "Electromagnetic Spectrum Superiority Strategy", Oct. 2020.
1－9）https://www.defense.gov/News/Transcripts/Transcript/Article/2723228/media-roundtable-on-the-electromagnetic-spectrum-superiority-strategy-implement/、アクセス日 2021.12.22
1－10）Joint Chiefs of Staff, "JP3－85: Joint Electromagnetic Spectrum Operations", 22nd May 2020.
1－11）Daniel Rocha and Mitch "Hooch" Houchin, "The Development of JEMSO Doctrine", pp. 44-50, Journal of Electromagnetic Dominance, Vol. 43, No. 11, Dec. 2020.
1－12）J. Knowles, "DISA ISSUES EMBM RFI", pp. 19-21, Journal of Electromagnetic Dominance, Vol. 43, No. 10, Nov. 2020.
1－13）https://dreamport.tech/RWP/Electromagnetic-Battle-Management-RWP-beta-SAM.pdf、アクセス日 2021.12.22
1－14）http://www.cs.berkeley.edu/~brewer/cs262b-2004/PODC-keynote.pdf、アクセス日 2021.12.22
1－15）計測自動制御学会編、ニューロ・ファジィ・AIハンドブック、オーム社、1994.
1－16）福島邦彦、位置ずれに影響されないパターン認識機構の神経回路のモデル―ネオコグニトロン―、電子通信学会論文誌A、vol.J62-A、no.10、pp.658-665、1979.
1－17）経済産業省、AI・データの利用に関する契約ガイドライン―AI編―、2018.
1－18）国立研究開発法人産業技術総合研究所、機械学習品質マネジメントガイドライン第２版、2021.
1－19）樽本徹也、ユーザビリティエンジニアリング：ユーザエクスペリエンスのための調査、設計、評価手法、オーム社、2014.
1－20）UXの第一法則は「ユーザの声聞くべからず」、EnterpriseZine、https://enterprisezine.jp/iti/detail/2676（2021年８月26日アクセス）
1－21）すぐに分析に利用できるデータは３割以下。AIを活用した分析に向けたデータ準備はどうあるべきか？、ZDNet Japan, https://japan.zdnet.com/extra/ibm_201811/35127764

（2021年８月26日アクセス）
1-22）佐藤聖、学習データ作りの基本、Interface 2018年12月号、特集　My人工知能の育て方　第１部第４章、CQ出版社、2018.
1-23）海自哨戒機にAI、日本経済新聞、2019年11月９日、朝刊.
1-24）JAIC website, https://www.ai.mil（2021年８月26日アクセス）
1-25）中村祐一、高度なDXを実現するデータ処理利活用基盤とその実例、電子情報通信学会誌、Vol.104、No.9、pp.981-988、2021.
1-26）FIWARE website, https://www.fiware.org（2021年８月26日アクセス）
1-27）Aided Detection on the Future Battlefield, U. S. ARMY, https://www.army.mil/article/232074/aided_detection_on_the_future_battlefield（2021年８月26日アクセス）
1-28）D. Silver et al., "Mastering the game of Go with deep neural networks and tree search," Nature, Vol.529, No.7587, pp.484-489, 2016.
1-29）J. Schrittwieser et al., "Mastering Atari, Go, chess and shogi by planning with a learned model," Nature, Vol.588, No.7839, pp.604-609, 2020.
1-30）K. Tuyls, S. Omidshafiei, P. Muller, Z. Wang, J. Connor, D. Hennes, I. Graham, W. Spearman, T. Waskett, D. Steel et al., "Game Plan: What AI can do for Football, and What Football can do for AI," J. of Artificial Intelligence Research, Vol.71, pp.41-88, 2021.
1-31）上髙原賢志、人工知能の防衛装備品への適用における課題—特に機械学習について—、エア・アンド・スペース・パワー研究（第８号）、2021.

2-1）我が国における海洋状況把握（MDA）の能力強化に向けた今後の取り組み方針、平成30年５月15日総合海洋政策本部決定、
内閣府 official Web site、https://www8.cao.go.jp/ocean/policies/mda.html
2-2）G. Fabrizio, High Frequency Over-the Horizon Radar, McGraw-Hill, pp.10, 2013.
2-3）Liu. Bin-Yi, "HF OVER-THE-HORIZON RADAR SYSTEM PERFORMANCE ANALYSIS", NAVAL POSTGRADUATE SCHOOL, Spt. 2007,
2-4）Ian Easton, "The Asia-Pacific's Emerging Missile Defense and Military Space Competition", NPEC, Dec 1, 2010.
2-5）V. Bazin et al., "A general presentation about the OTH-Radar NOSTRADAMUS", IEEE2006.
2-6）S. Saito, S. Suzuki, M. Yamamoto, C.-H. Chen, and A. Saito, "Real-time ionosphere monitoring by three dimensional tomography over Japan", presented at the ION GNSS+, 2016, pp.706-713.
2-7）S. Saito et al., "Real-time ionosphere monitoring by three-dimensional tomography over Japan", ION GNSS+, 2016.
2-8）株式会社Synspective official Web site、https://synspective.com/jp/satellite/
2-9）S. Chandrashekar, N. Ramani, "China's Space Power & Military Strategy – the role of the Yaogan Satellites", ISSSP, NIAS, July 2018,
2-10）S. Chandrashekar, "China's Anti-Ship Ballistic Missile Game Changer in the Pacific

Ocean", ISSSP, NIAS, Nov. 2011.
2-11) 株式会社衛星ネットワーク
official Web site、https://www.snet.co.jp/planet/hawkeye360/
2-12) unseenlabs official Web site, https://unseenlabs.space/
2-13) 菅田洋一、米国の安全保障衛星の動向第5回「多様なシギント偵察衛星」、防衛技術ジャーナル、2021年10月号.
2-14) 海上保安庁「海しる（海洋状況表示システム）」
official Web site、https://www.msil.go.jp/msil/htm/topwindow.html
2-15) 吉田孝監修　電子情報通信学会編、改訂　レーダ技術、コロナ社；Stimson's Introduction to Airborne Radar Third Edition, Scitech Publishing等
2-16) 清水、広帯域高出力共用開口アンテナ技術に関する研究、防衛技術ジャーナル、2006.10等
2-17) B. C. Brock, "The Frequency Response of Phased-Array Antennas", SANDIA REPORT, 1988.（www.osti.gov/servlets/purl/6415463）
2-18) E. Brookner, "RADAR AND PHASED-ARRAYS: ADVANCES, BREAKTHROUGHS AND FUTURE", Radar '18, August 2018.
2-19) R. L. Haupt et al., "Antenna Array Developments: A Perspective on the Past, Present and Future", IEEE Antennas and Propagation Magazine, Vol.57, No.1, February 2015.
2-20) H. Steyskal, "Digital beamforming antennas - An introduction", Microwave Journal, December 1986.
2-21) 菊間信良、アレーアンテナによる適応信号処理、科学技術出版、2004.
2-22) S. Haykin, "Cognitive Radar: a Way of the Future", IEEE Signal Processing Magazine, vol.23, no.1, January 2006.
2-23) www.mod.go.jp/atla/nichiei_05.html
2-24) 平成31年度以降に係る防衛計画の大綱について、防衛省・自衛隊HP、
https://www.mod.go.jp/j/approach/agenda/guideline.
2-25) S. J. Frantzman, "Drone Wars", A Bombardier Books, 2021.
2-26) 小林、防衛技術基礎講座　センシングシステム技術　第5講　光波センシング技術、防衛技術ジャーナル　2012.4　No.373.
2-27) Sniper Advanced Targeting Pod（ATP),
Lockheed Martin, https://www.lockheedmartin.com/en-us/products/sniper.html.
2-28) 超広帯域透過光学材料・レンズに関する研究開発、安全保障技術研究制度成果の概要（令和元年度版)、
防衛装備庁HP、https://www.mod.go.jp/atla/funding/seika.html#seika-gaiyo.
2-29) 優れた広帯域透過性ナノセラミックスの革新的創成手法、安全保障技術研究制度成果の概要（令和3年度版)、
防衛装備庁HP、https://www.mod.go.jp/atla/funding/seika.html#seika-gaiyo.
2-30) 屈折率分布レンズに関する研究、実施中の研究課題　令和元年度採択分、防衛装備庁HP、https://www.mod.go.jp/atla/funding/seika.html.
2-31) 小山正敏、2波長赤外線センサの研究及び衛星搭載型2波長赤外線センサの研究の

紹介、航空と宇宙　日本航空宇宙工業会会報2016.7月号　平成28年７月第751号.
２-32）工藤順一、新・防衛技術基礎講座　電装研編　第６講　防衛分野における光波センサ技術、防衛技術ジャーナル　2018.3　No.444.
２-33）木部道也他、タイプⅡ超格子型近赤外線センサ及び中赤外線センサの撮像特性、映像情報メディア学会技術報告、vol.46　No.14（2022）.
２-34）グラフェン等２次元機能性原子薄膜を用いた光検知素子の基礎研究、実施中の研究課題　平成30年度採択分、
防衛装備庁HP、https://www.mod.go.jp/atla/funding/seika.html.
２-35）二次元機能性原子薄膜を用いた革新的赤外線センサの研究、実施中の研究課題　平成30年度採択分、防衛装備庁HP、https://www.mod.go.jp/atla/funding/seika.html.
２-36）Mohan Vaidyanathan, et al., "Jigsaw Phase III: A Miniaturized Airborne 3-D Imaging Laser Radar with Photon-Counting Sensitivity for Foliage Penetration", Proc. of SPIE, Vol.6550（2007）.
２-37）千葉健太郎、シリーズ電子戦技術の最先端　５　高出力レーザシステム技術、防衛技術ジャーナル　2018.4　No.445.
２-38）Nour Alem et al., "Extra-cavity radiofrequency modulator for a lidar radar designed for underwater target detection", Appl. Opt., Vol.56 7367（2017）.
２-39）島田ほか、"水中LiDARへの取り組み"、レーザセンシング学会誌　第２巻第１号（2021）.
２-40）Security LiDAR – Neptec Technologies Corp.,
https://www. neptectechnologies. com/security-lidar.
２-41）M. Wu et al., "Stand-off detection of chemicals by UV Raman spectroscopy", Applied Spectroscopy, Vol.54, 800（2000）.
２-42）S. Morel et al., "Detection of bacteria by time-resolved laser induced breakdown spectroscopy", Appl. Opt., Vol.42, 6184（2003）.
２-43）D. Luong, et al., "Entanglement-based Quantum Radar: From Myth to Reality", IEEE A&E Systems Magazine, April 2020.

３-１）電子戦の技術　基礎編　David Adamy著　第１章序論　東京電機大学出版局.
３-２）総研　HP「ワイドギャップ半導体パワーエレクトロニクスロードマップ」（https://unit.aist.go.jp/adperc/ci/research/widemap.html）
３-３）C4ADS "Above Us Only Stars: Exposing GPS Spoofing in Russia and Syria" 2019.
３-４）R. Chauhan, R. M. Gerdes, and K. Heaslip, "Demonstration of a false-data injection attack against an FMCW radar," ESCAR Europe, 2014.
３-５）総務省　HP「電波監視システムの概要」（https://www.soumu.go.jp/soutsu/kanto/re/system/index.html）.
３-６）Bluetooth Core Specification v5.1（2020.12.9）.
３-７）CRFS White Paper "Machine Learning and RF Spectrum Intelligent Gathering"（2017.12）（https://www-media.crfs.com/media/file/GAyqhUXsSuqzD6fKlBELUQ/Machine_Learning_and_RF_Spectrum_Intelligence_Gathering.pdf）
３-８）沖電気工業株式会社　プレスリリース「ドローン飛行の安全性確保を目指した電

波干渉回避技術の実証実験を実施」（2021年３月29日）（https://www.oki.com/jp/press/2021/03/z20122.html）
3－9）NAVSTAR GPS Space Segment/Navigation User Interfaces IS-GPS-200(2021.4.13).
3－10）令和３年度　防衛白書　第１章　第３節.
3－11）防衛省、「令和３年度防衛白書」、2021年８月31日
3－12）防衛省、「平成31年以降に係る防衛計画の大綱について」、2018年12月18日
3－13）https://www.soumu.go.jp/soutsu/kanto/re/system/　総務省　電波利用ホームページ　アクセス日　2022.6.13
3－14）https://www.giho.mitsubishielectric.co.jp/giho/pdf/2020/2002108.pdf　三菱電機技報　Vol.194.　No.2.　2020　「短波監視施設（DEURAS-H）」　アクセス日　2022.6.13
3－15）https://www.mod.go.jp/j/approach/hyouka/rev_suishin/r02/pdf/03-0004.pdf　「電波情報収集機（RC-2）の取得」　アクセス日　2022.6.13
3－16）https://www.global.toshiba/content/dam/toshiba/migration/corp/techReviewAssets/tech/review/2005/11/60_11pdf/a08.pdf　東芝レビューVol.60　No.11　2005「衛星通信・放送における干渉波発射源の位置推定技術」　アクセス日　2022.6.13
3－17）「軍事研究2019年10月号」㈱ジャパン・ミリタリー・レビュー、令和元年
3－18）「軍事研究2021年10月号」㈱ジャパン・ミリタリー・レビュー、令和３年
3－19）Asoke K. Bhattacharyya and D. L. Sengupta, RADAR CROSS SECTION ANALYSIS & CONTROL, Artech House, (1991)
3－20）電子情報通信学会編、「アンテナ工学ハンドブック（第２版）」オーム社、平成20年
3－21）吉田孝監修、「改訂レーダ技術」（一社）電子情報通信学会、平成26年
3－22）外部評価報告書「RCS計測評価技術の研究」http://www.mod.go.jp/atla/research/gaibuhyouka/pdf/RCSMeasure_R02（令和４年10月20日閲覧）
3－23）E. F. Knott, J. F. Shaeffer, M. T. Tuley, Radar Cross Section (Second Edition), Artech House, 1993.
3－24）Lockheed Martin Helendale RCS facility, https://www.otherhand.org/home-page/area-51-and-other-strange-places/bluefire-main/bluefire/radar-ranges-of-the-mojave/lockheed-martin-helendale-rcs-facility/（令和４年10月20日閲覧）

4－1）山田朗「日本陸軍の秘密戦と登戸研究所」、日本音響学会誌73巻８号（2017）、pp.517
4－2）BOEING B-29 SUPERFORTRESS（https://www.boeing.com/history/products/b-29-superfortress.page）（2022.7.25閲覧）
4－3）防衛省「令和３年版　防衛白書」p.12
4－4）国立科学博物館　理工電子資料館「電波探信儀とマグネトロン」（https://www.kahaku.go.jp/exhibitions/vm/past_parmanent/rikou/electronics/magnetron.html）（2022.7.25閲覧）
4－5）AIRPOWERAUSTRALIA（http://www.ausairpower.net/APA-Rus-PLA-PD-SAM.html）（2022.7.25閲覧）
4－6）J. Benford, J. A. Swegle, E. Schamilogu, “High Power Microwaves 2nd Edition.” p.49, Taylor & Francis, 2007

4－7）EPIRUS Inc.（https://www.epirusinc.com/products）（2022.7.25閲覧）
4－8）電気学会編「電磁波と情報セキュリティ対策技術」第1版、p.33、オーム社、2012
4－9）M. G. Backstrom & K. G. Lovstrad, “Susceptibility of Electronic Systems to High-Power Microwaves: Summary of Test Experience”, IEEE Trans. EMC, vol.46, pp.396-403, Aug. 2004
4－10）M. Backstrom et al. “The Swedish Microwave Test Facility: Technical Features and Experience from Testing”（https://www.ursi.org/proceedings/procGA02/papers/p0451.pdf）
4－11）C. J. Burdon, “Hardening Unmanned Aerial Systems against Power Microwave Threats in Support of Forward Operations”, Apr. 2017（https://apps.dtic.mil/sti/pdfs/AD1042082.pdf）
4－12）防衛省「令和2年版 防衛白書」p.166
4－13）AIR RECOGNITION “Leonidas system by Epirus to counter swarm of drones”（https://www.airrecognition.com/index.php/news/defense-aviation-news/2021/april/7247-leonidas-system-by-epirus-to-counter-swarm-of-drones.html）（2022.7.25閲覧）
4－14）Raytheon Missile & Defense “Phaser High-Power Microwave System”（https://www.raytheonmissilesanddefense.com/what-we-do/counter-uas/effectors/phaser-high-power-microwave）（2022.7.25閲覧）
4－15）Air Force Research Laboratory（https://www.afrl.af.mil/News/Article/2711966/afrls-drone-killer-thor-will-welcome-new-drone-hammer/）（2022.7.25閲覧）
4－16）LOCKHEED MARTIN “MORFIUS: C-UAS solution ready today for the Joint Force of tomorrow”（https://www.lockheedmartin.com/en-us/products/MORFIUS.html）（2022.7.25閲覧）
4－17）Global Security. org, “Russia's new ‘microwave cannon’ to disable enemy drones within 10 km radius”（https://www.globalsecurity.org/wmd/library/news/russia/2015/russia-150615-tass04.htm）（2022.7.25閲覧）
4－18）西岡俊治「ドローン・UAS対処にも適用可能な高出力マイクロ波技術の研究」、防衛装備庁技術シンポジウム2019（https://www.mod.go.jp/atla/research/ats2019/doc/nishioka.pdf）
4－19）「高出力マイクロ波技術の研究」、防衛装備庁技術シンポジウム2020（https://www.mod.go.jp/atla/research/ats2020/slide09_micro.html）
4－20）防衛省　防衛装備庁公式チャンネル「電装研　高出力マイクロ波技術の研究」（https://www.youtube.com/watch?v=BUyTD_YcXX8）（2022.7.25閲覧）
4－21）日テレNEWS「【テレビ初公開】『高出力マイクロ波照射装置』日本の防衛“最新技術”」（https://www.youtube.com/watch?v=5VNcB1rtoj8）（2022.7.25閲覧）
4－22）北川真也他「打てば即当たるマイクロ波兵器～ライト・スピード・ウェポン～」、防衛技術シンポジウム2012（https://www.mod.go.jp/atla/research/dts2012/P-10.pdf）
4－23）谷口大揮、平野誠「高出力マイクロ波技術について」、防衛装備庁技術シンポジウム2015（https://www.mod.go.jp/atla/research/ats2015/image/pdf/P19.pdf）
4－24）防衛省「令和3年版　防衛白書」p.91

4-25）防衛省「令和３年度　政策評価書（事前の事業評価）」（高出力マイクロ波照射技術の研究）（https://www.mod.go.jp/j/approach/hyouka/seisaku/2021/jizen.html）
4-26）J. Borger, "The drone operators who halted Russian convoy headed for Kyiv", Ukraine, The Guardian, Mar. 2022（https://www.theguardian.com/world/2022/mar/28/the-drone-operators-who-halted-the-russian-armoured-vehicles-heading-for-kyiv）（2022.7.25閲覧）
4-27）"A lesson from Ukraine: counter UAS technology is still one step behind the threat", Apr. 2022（https://www.unmannedairspace.info/counter-uas-systems-and-policies/a-lesson-from-ukraine-counter-uas-technology-is-still-one-step-behind-the-threat/）（2022.7.25閲覧）
4-28）excite.ニュース"アメリカ海軍　レーザー兵器搭載のイージス艦を横須賀へ配備" https://www.excite.co.jp/news/article/Trafficnews_110641/、（アクセス日2022.6.21）
4-29）Military Times.com、https://www.militarytimes.com/flashpoints/2018/01/11/whose-drones-did-the-russian-military-capture-in-syria/、（アクセス日2022.6.21）
4-30）Ronald O'Rourke, "Navy Shipboard Lasers for Surface, Air, and Missile Defense: Background and Issues for Congress" June 12, 2015
4-31）Pina, David F." Ideal Directed-Energy System To Defeat Small Unmanned Aircraft System Swarms" May 21, 2017
4-32）令和２年度防衛技術シンポジウム発表資料
4-33）令和３年度防衛技術シンポジウム発表資料
4-34）US Army、https://www.smdc.army.mil/Portals/38/Documents/Publications/Fact_Sheets/MEHEL.pdf、（アクセス日2022.6.29）
4-35）US Army、https://www.smdc.army.mil/Portals/38/Documents/Publications/Fact_Sheets/HEL_TVD.pdf、（アクセス日2022.6.29）
4-36）Dynetics 社 HP、https://www.dynetics.com/newsroom/news/2020/dynetics-to-build-and-increase-power-of-us-army-laser-weapons、（アクセス日2022.6.29）
4-37）Task and Purpose、https://taskandpurpose.com/military-tech/army-laser-weapon-power
4-38）2022年度 米下院軍事委員会報告書
4-39）The DRIVER.com、https://www.thedrive.com/the-war-zone/41525/heres-our-best-look-yet-at-the-navys-new-laser-dazzler-system、（アクセス日2022.6.29）
4-40）CNN, https://www.cnn.co.jp/usa/35154242.html、（アクセス日2022.7.6）
4-41）GlobalSecurity.org、https://www.globalsecurity.org/military/systems/ship/systems/ssl-tm.html、（アクセス日2022.6.29）
4-42）Defense News.com、https://www.defensenews.com/air/2020/06/30/us-air-force-delays-timeline-for-testing-a-laser-on-a-fighter-jet/、（アクセス日2022.6.29）
4-43）LOCKHEED MARTIN 社 HP、https://www.lockheedmartin.com/en-us/news/features/2020/tactical-airborne-laser-pods-are-coming.html、（アクセス日2022.7.4）
4-44）UKdefencejournal.org、https://ukdefencejournal.org.uk/dragonfire-guide-new-british-laser-weapon/、（アクセス日2022.7.4）

4-45）UKdefencejournal.org、https://ukdefencejournal.org.uk/uk-to-arm-type-23-frigate-with-laser-weapon/、（アクセス日2022.6.21）
4-46）BreakingDefense.com、https://breakingdefense.com/2021/09/uk-awards-laser-weapon-experimental-contracts/、（アクセス日2022.6.21）
4-47）QinetiQ社HP、https://www.qinetiq.com/en/news/dragonfire-laser-turret-unveiled-at-dsei-2017、（アクセス日2022.7.6）
4-48）Israel Global Blogs Network、https://itrade.gov.il/singapore/2014/02/12/singapore-airshow-rafael-launches-iron-beam/、（アクセス日2022.7.1）
4-49）BreakingDefense.com、https://breakingdefense.com/2022/04/beyond-killing-drones-israeli-laser-knocks-mortars-out-of-the-sky-military//、（アクセス日2022.06.29）
4-50）RAFAEL社HP、https://www.rafael.co.il/worlds/land/iron-beam/、（アクセス日2022.7.6）
4-51）Defense-update.com、https://defense-update.com/20210621_hpl-ws.html、（アクセス日2022.6.28）

〈防衛技術選書〉兵器と防衛技術シリーズⅢ②

電子装備技術の最先端

2023年９月１日　初版　第１刷発行

編　者　　防衛技術ジャーナル編集部

発行所　　一般財団法人 防衛技術協会

東京都文京区本郷３－23－14　ショウエイビル９Ｆ（〒113-0033）

電　話　03－5941－7620

ＦＡＸ　03－5941－7651

ＵＲＬ　http://www.defense-tech.or.jp

E-mail　dt.journal@defense-tech.or.jp

印刷・製本　ヨシダ印刷株式会社

定価はカバーに表示してあります

ISBN 978-4-908802-91-1